普洱茶历史文化学

张春花 ◎ 著

中国商业出版社

图书在版编目（CIP）数据

普洱茶历史文化学 / 张春花著． -- 北京 ： 中国商
业出版社，2025．5． -- ISBN 978-7-5208-2987-8

Ⅰ．TS971.21

中国国家版本馆CIP数据核字第2024GW1792号

责任编辑：聂立芳
策划编辑：张　盈

中国商业出版社出版发行
（www.zgsycb.com　100053　北京广安门内报国寺1号）
总编室：010-63180647　　编辑室：010-63033100
发行部：010-83120835/8286
新华书店经销
三河市悦鑫印务有限公司印刷
*
710毫米×1000毫米　16开　11.5印张　187千字
2025年5月第1版　2025年5月第1次印刷
定价：78.00元
＊＊＊＊
（如有印装质量问题可更换）

前 言

PREFACE

在中华五千年的文明史中，茶，作为一种独特的文化符号，始终伴随着我们的日常生活，并与诗词、歌赋、哲学、医学等领域产生了深刻的交融。普洱茶作为茶中的佼佼者，更是以其独特的茶香和保健功效，赢得了世人的广泛喜爱。然而，普洱茶的深厚历史与丰富文化，却鲜少有人系统地进行梳理与阐述。在这样的背景下，本书应运而生，旨在为读者提供一次全面、深入的普洱茶文化之旅。

首先，本书通过梳理普洱茶的起源、发展、制作、品鉴、功效等方面的知识，希望能够让读者对普洱茶有一个全面、深入的了解。其次，本书也希望通过普洱茶这一载体，传播中华茶文化的博大精深，引导读者在日常生活中更加珍视、品味茶的文化韵味。最后，本书还期望能够成为普洱茶爱好者、研究者、从业者之间的桥梁，推动普洱茶文化的交流与合作。

本书全面而系统性地讲述了普洱茶的相关知识，采用通俗易懂的语言，从普洱茶的起源、历史、产区、制作、品鉴、功效讲到普洱茶文化，使得即使是普洱茶的新手，也能够轻松入门。同时，本书还提供了大量的冲泡、品鉴技巧和健康饮茶建议，使读者在阅读的同时，也能够立即将所学知识应用到日常生活中。

在本书的创作过程中，我们参考了相关领域诸多的著作、论文、研究资料等，引用了部分文献和相关资料，在此一并对作者表示诚挚的谢意。此外，还要感谢所有热爱普洱茶的读者，正是你们的热情与期待，给予了我们创作的动力与灵感。本书难免存在一些不足，对一些相关问题的研究不够透彻，欢迎广大读者批评指正。

作　者
2024 年 2 月

目 录

CONTENTS

第一章 茶起源与茶文化

第一节 茶的起源与发展

一、茶的起源与原产地

中国是茶树的原产地,这一点已经得到了世界各国的广泛认可。随着考证技术的发展和新发现,我们进一步确认了中国西南地区,包括云南、贵州、四川是茶树原产地的中心。这一地区的地理环境和气候条件非常适合茶树的生长,为茶树提供了得天独厚的生长环境。

在历史上,由于地质变迁和人为栽培的原因,茶树逐渐从中国西南地区传播至全国各地。茶树的传播不仅是一种植物的迁移,更是一种文化和传统的传承。在中国,茶文化源远流长,与茶相关的传统、习俗和技艺也随着茶树的传播而逐渐扩散至全国各地。

茶作为中华民族的瑰宝,是中华民族对世界文明的又一伟大贡献。茶不仅是一种健康的饮品,更是一种文化和精神的象征,茶与禅、儒、道等传统文化有着密切的联系,成为修身养性、陶冶情操的重要方式。

关于中国茶的发现和栽培历史,民间早有神农尝百草发现茶叶的传说,而学者们也普遍认为,早在公元 3 世纪之前,茶在中国就已经非常盛行了。到了3 000 多年前的西周初期,中国人开始有意识地去栽培茶树,并逐渐形成了完善的茶园管理制度和茶叶加工技术。

中国是茶树的原产地，也是茶文化的发祥地。茶不仅是中国的瑰宝，也是世界的共享财富。随着时间的推移和技术的进步，茶文化将继续传承和发展，为人类文明注入更多的活力和智慧。

临沧凤庆香竹箐古茶树（图 1-1），被誉为地球的茶祖母，不仅因为它的巨大尺寸，更因为它的古老年龄。这棵高达 10.6 米、树冠 11.5 米、树干直径 1.84 米、基围 5.8 米的巨大茶树，据同位素法推断，其树龄已经超过了 3 200 年。广州中山大学植物学博士叶创新对这棵古茶树进行了深入研究，得出的结论与王广志先生的推断一致。2004 年，中国农业科学院茶叶研究所的林智博士及日本农学博士大森正司对其进行了测定，也认为其年龄在 3 200 ～ 3 500 年。这棵古老的茶树不仅是凤庆县的骄傲，也是全世界的宝贵财产。在其周围，还有一片庞大的古茶树群，总数超过 14 000 株。这些古茶树仿佛是活化石，见证了人类悠久的种茶和饮茶历史。

全世界山茶科植物共有 23 属 380 多种，我国占据了其中的 15 属 260 多种。因此，中国无疑是全球茶树种质资源最丰富的国家。这些丰富的资源不仅为我国的茶叶生产提供了坚实的基础，也为全球茶叶产业的发展提供了宝贵的种质资源。

以临沧凤庆的这棵古茶树为首的茶树是历史的见证、文化的传承、生命的奇迹。让我们共同珍惜和保护这些宝贵的自然资源，让它们在我们的努力下，继续繁荣生长，为人类带来更多的美好和福祉。

图 1-1　凤庆香竹箐古茶树

二、用茶起源与演变

在古代，人们发现了茶叶的药用价值。传说，神农氏在尝百草的过程中，偶然发现茶叶具有解毒的功效，于是人们开始利用茶叶来治疗各种疾病。经过长期的实践和探索，人们逐渐发现了茶叶的其他利用方式，如食用和饮用。明代的顾元庆在他的《茶谱》一书中详细描述了茶叶的各种药用功能，如止渴、消食、少睡、利尿、明目益思、除烦去腻等。这些功能都是基于茶叶中所含的多种有益物质，如茶多酚、咖啡因等。这些物质具有很好的保健作用，对人体健康非常有益。对于我国边疆的少数民族来说，茶的药用功能更为突出。在这些地区，由于地理环境和饮食习惯的特殊性，人们需要经常食用高脂肪、高蛋白的肉类食品，而这些食品不易消化。茶叶中的茶多酚和咖啡因等成分可以促进肠胃蠕动，有助于消化肉类食品，因此受到了广泛的欢迎。

随着人们对茶叶的深入研究和探索，其药用功能和保健作用将会得到更广泛的认可和应用。

在古代，茶与人们的日常生活紧密相连。在很多地方，茶被视为重要的食物来源。人们会采用各种方式来利用茶叶，包括直接食用、腌制和混合其他食材一起食用。其中，"腌茶"是一种将茶叶腌制成咸菜的方式，这种习俗在一些地区依然被保留下来。茶叶经过腌制后，不仅可以增添食物的口感和味道，同时也具有防腐的作用，人们在食物匮乏的季节也能享受到美味的菜肴。还有"茗粥"，通常是将茶叶和一些其他的食材，如米、豆类等，煮成浓郁的茶粥。茗粥的味道独特，既能提供人体所需的营养，又具有一定的药用价值。在某些少数民族地区，还有一种叫作"擂茶"的传统食品。擂茶的制作过程非常独特，需要将茶叶、芝麻、花生等食材混合在一起，然后用专门的器具将其碾磨成糊状，用煮沸的水冲入即可。擂茶的味道香浓，营养丰富，深受当地人的喜爱。

这些早期的茶食习俗，虽然在现代社会中已经不再是主流的饮食方式，但在一些地区和民族中仍然被保留了下来。它们不仅展示了茶与人们日常生活的紧密联系，也为我们提供了了解古代文化和传统生活方式的重要途径。

茶的利用在中国有着悠久的历史，但饮茶的出现相对较晚。有文献记载，最早的饮茶记录出现在公元前59年的西汉时期，当时的辞赋家王褒在《僮约》中提到"武阳买茶""烹茶尽具"，这说明当时已经有了茶叶市场和饮茶的风尚。

王褒是四川资中人，而最早在文献中对茶有过记述的司马相如、扬雄也都是四川人。因此，可以推断巴蜀地区极有可能是最早开始饮茶的地区。在最初阶段，茶是一种珍稀植物，主要供上层社会享用。

晋朝以后，饮茶开始逐渐进入中下层社会。两晋南北朝时期，公元265—581年，社会各阶层都开始普遍饮茶，饮茶成为人们的一种习惯。唐朝，即公元618—906年，饮茶之风最为盛行，被认为是茶的黄金时代。家家户户都饮茶，甚至流传到了塞外。

在这一时期，《茶经》诞生了，这是世界上第一部茶叶专著，由陆羽所著。《茶经》的诞生标志着茶学和茶文化的形成和发展。陆羽不仅总结了有文字记载的中国人加工茶、品饮茶、研究茶、颂扬茶的历史，还进行了广泛的实践和考察。陆羽将人类饮茶从生理需要提升到了文化需要的高度，使茶成为中华文化的一个重要组成部分。

三、饮茶方法的演变

中国饮茶的历史经历了漫长的发展和变化时期。不同的阶段，饮茶的方法、特点都不相同。饮茶最初是烹煮饮用，唐代为煎，宋代为点，到明清时期改为冲泡。

唐代，茶的采摘、制作和饮用都已经有了一套完整的流程。新鲜的嫩叶一旦被采摘下来，就会经过一系列的加工处理。如，将这些嫩叶蒸软，然后压成饼状；接着，这些饼状的茶叶会被烘烤至完全干燥，以确保茶叶的品质和保存期限。在冲泡茶叶时，人们有时会将茶饼放在火上轻轻烤至软化，使茶叶更容易释放出其内在的香气和味道。有时也会将这些软化的茶饼进一步压碎成粉末状，然后，放入沸水中煮沸，并加入一些盐。这种做法不仅使茶的味道更加丰富，而且还能突出茶叶本身的香气。除了盐，人们还会在茶水沸腾前或沸腾后加入各种调料，如甜葱、生姜、橘皮、丁香、薄荷等。这些调料不仅能够调和茶的味道，还能为茶增添独特的香气和口感。在唐代，茶不仅是一种饮品，更是一种文化和生活方式的体现，无论是文人墨客之间的雅集，还是市井百姓的日常休闲，茶都是不可或缺的一部分。它不仅满足了人们的生理需求，更为人们提供了精神上的享受和交流的媒介。

在宋代，茶的冲泡方式发生了变化，变得更加精细和讲究。紧压的茶饼不再直接烤软或压碎，而是先被研磨成细腻的粉末。这种粉末状的茶叶更容易释放其内在的香气和味道。当需要冲泡茶叶时，人们会将沸腾的水轻轻地倒入装有茶叶粉末的容器中。这种方式冲泡出的茶汤具有丰富的泡沫，呈现出乳白色，这是因为茶叶粉末与沸水混合时产生的气泡。茶汤表面的泡沫能长时间凝结在杯盏内壁不动，被认为是点泡出一杯好茶的标志。

为了评估和比较不同调茶技术和茶质的优劣，宋代的人特别喜欢斗茶。这是一种社交活动，也是对茶叶品质和冲泡技艺的竞赛。参与斗茶的人们会拿出自己珍藏的茶叶，用各自独特的方式冲泡，然后一起品鉴和比较。斗茶不仅是一种娱乐活动，也是对茶叶知识和技艺的交流和提升。通过这种方式，宋代的人进一步推动了茶文化的发展，使得茶成为他们生活中不可或缺的一部分。

到了明代，明太祖朱元璋为了体察民情，减轻百姓的负担，下令将贡茶改制，重散略饼，促进了散茶生产技术的发展。这一改革不仅简化了茶叶的加工流程，也使得茶叶的品质更加纯粹。随着散茶的普及，人们开始采用更为简单的清饮方式，即以沸水直接冲泡茶叶。这种清饮方式在明清两代一直沿用至今，它不仅简单易行，而且能够更好地凸显茶叶本身的香气和味道。人们逐渐认识到，茶叶的真正魅力在于其本身的清香和口感，而不是与其他食材混合后的味道。随着时间的推移，清饮方式逐渐成为主流，并在中国茶文化中占据重要的地位。这种简约的饮茶方式，使得茶叶的品质和冲泡技艺得到了进一步的提升和重视。从烦琐的混煮到简单的清饮，中国茶文化在历史的长河中不断发展演变，但始终保持着对茶叶品质和文化的追求和尊重。

四、茶叶生产的发展

在两晋南北朝时期，中国的茶叶生产遍布多个地区，包括重庆、湖北、湖南、安徽、江苏、浙江、广东、云南、贵州等地。这一时期的茶叶生产和制作技术已经初具规模。晋元帝时期，有安徽宣城的官员上表贡茶的记载，说明茶叶的生产和品质已经引起了地方政府的关注。

到了唐代，茶树的种植逐步由内地向长江中下游地区转移，这些地区成为当时茶叶生产和技术的中心，其分布与近代茶区的分布已经非常接近，标志着中国茶叶生产的成熟和稳定。

宋代是中国茶叶发展的一个重要时期，茶叶传播到全国各地，产区范围与现代已经完全相符。这一时期，茶叶的生产加工和制作技术也取得了巨大的进步。从五代和宋代初年起，全国的气候由暖转寒，导致南方的茶叶迅速发展。如福建的建安茶成为中国团茶、饼茶制作的技术中心，带动了闽南和岭南茶区的崛起和发展。

明清以后，茶区和茶叶的发展主要体现在六大茶类的兴起。在此之前，基本上都是以绿茶或者一些散茶加工为主，而明清时期是茶叶加工种类发明最兴旺的一个时期。这一时期，茶叶的品质和风味得到了进一步的发展和丰富。

如今，我国共有江北、江南、华南和西南四大茶区，涵盖了20个省、自治区、直辖市，共有1 000多个县、市产茶。茶在中国农业和农村当中占据着重要的地位，是中国经济的重要组成部分。

从全球角度来看，中国是茶叶产量和消费量最大的国家。中国的茶叶产量和消费量一直保持在世界第一的位置，绿茶作为中国的特色茶类，占据主导地位。在中国的茶叶产量中，绿茶占据了60%的份额，其后依次是红茶、黑茶、乌龙茶、白茶、黄茶。

中国茶叶的品质和风味深受世界各地消费者的喜爱。中国的茶叶种类繁多，制作工艺精湛，品质优良，具有独特的口感和香气。无论是绿茶的清新爽口、乌龙茶的醇厚回甘，还是红茶的香甜浓郁、黑茶的陈香独特、白茶的淡雅柔和、黄茶的醇和鲜爽，都展现了中国茶叶的多样性和魅力。

随着经济的发展和人民生活水平的提高，茶叶已经成为人们日常生活中的重要组成部分。无论是品茗论道，还是商务洽谈，茶叶都是不可或缺的饮品。同时，随着全球化的进程和中国文化的传播，中国茶叶也逐渐走向世界，成为中外文化交流的重要载体。

五、茶类的演进和发展

茶叶作为中国历史悠久的文化瑰宝，其分类方法经过不断地发展与完善，目前被学术界和业界广泛接受的是由安徽农业大学陈椽教授提出的六大茶类分类法。这六大基本茶类包括绿茶、黄茶、黑茶、红茶、青茶（也称乌龙茶）、白茶，它们的划分主要依据不同的加工工艺及品质特性。

绿茶，是中国最早的茶类之一。明代开始盛行炒青技术，即将新摘下的茶树嫩芽，用微火使茶叶萎凋，通过人工揉捻使茶叶水分快速蒸发，以阻止多酚氧化酶活性，保持了茶叶原有的绿色和自然清香。绿茶的代表品种有西湖龙井、黄山毛峰等。

黄茶在制作过程中，由于杀青后叶温较高且堆积时间稍长，导致部分叶片轻微发酵而呈现黄色，这种"闷黄"工艺造就了黄茶独特的淡雅醇和的风味，如君山银针、蒙顶黄芽等。

黑茶的历史可追溯至 16 世纪，起初在四川地区是以绿茶形态存在，后来，在长途运输至新疆、西藏等地的过程中，为适应运输需求，茶叶经蒸压成饼状或砖状，经过长时间湿热环境下的微生物发酵作用，茶叶颜色逐渐由绿转黑，形成了黑茶，如云南普洱茶、湖南安化黑茶等。

红茶则起源于明末清初，其独特之处在于通过萎凋、揉捻以及全发酵过程，使得茶叶中的多酚类物质充分氧化，使叶片变为红褐色，并散发出浓郁的果香与花香，小种红茶、工夫红茶以及红碎茶均属于红茶范畴，其中祁门红茶是中国著名的工夫红茶代表。

青茶，又称乌龙茶，发源于福建武夷山地区，其独特的半发酵工艺赋予了茶叶"绿叶红镶边"的特色。通过摇青等工序，茶叶细胞适度破损，促使部分多酚氧化，形成丰富复杂的香气与口感层次，闽北乌龙、闽南乌龙、广东单丛以及台湾乌龙茶等都是青茶家族的重要成员。

白茶是我国特有的一种微发酵茶，始于福建省福鼎市一带，它的制作工艺最为自然，仅需将鲜叶摊放晾晒，不炒不揉，保留了茶叶原始的天然营养成分，尤其是茶氨酸含量极高，使其滋味鲜爽甘甜，白毫银针、白牡丹等是白茶中的经典。

随着时代的发展，茶叶加工技术不断创新，上述六大基本茶类原料还可以进一步加工成花茶、紧压茶、萃取茶、茶饮料等多种再加工茶类，满足不同消费者的需求。无论是手工制茶的传统技艺，还是现代工业化生产的先进方式，都在传承与发展中华茶文化的同时，为世界茶饮领域增添了无尽的韵味与魅力。

第二节 中国茶文化

一、茶文化

中国的茶文化，源远流长，其魅力在于"品"字所蕴含的深意。这个"品"字，不仅是对茶叶质量高低的鉴别，更是对茶道精神的追求与领悟。在忙碌的生活中，为自己泡上一壶精心挑选的浓茶，选择一个雅静的环境，独自品味，这本身便是一种享受。茶的香气在空气中弥漫，每一口都仿佛带着大自然的味道，让人感受到清新与宁静。这种体验能够消除身心的疲劳，使人心旷神怡，思绪万千。品茶，不仅是一种生活的方式，更是一种精神的寄托，一种艺术的表达。品茶的环境也是茶文化中不可或缺的一部分。一个好的品茶环境，需要由多个因素共同构成，如古朴典雅的建筑、幽雅宁静的园林、精致的摆设以及质地上乘的茶具等。在这样的环境中，人们可以放下心中的纷扰，全心全意地投入到茶的世界中去。中国的园林和山水风景闻名于世，这些自然的美景为品茶提供了绝佳的环境。在园林或山水之间，搭建起一间茶室，用木头做成亭子和凳子，一切都显得那么和谐与自然。在这样的环境中品茶，仿佛与大自然融为一体，让人感受到一种难以言表的诗情画意。在这里，人们可以暂时忘却尘世的喧嚣，享受片刻的宁静与安逸。这种体验让人心情愉悦，精神焕发，仿佛整个世界都变得美好起来。品茶，不仅是一种味觉的享受，更是一种精神的升华，一种生活的艺术。

中国茶艺在世界享有盛誉，唐代传入日本后，形成日本茶道。日本的煎茶道、中国台湾的泡茶道都来源于中国广东潮州的工夫茶。潮州工夫茶艺是国家级非物质文化遗产，是广东省潮汕地区特有的传统饮茶习俗，是潮汕茶文化和潮汕茶道重要组成部分，也是中国茶艺中最具代表性的一种，是融精神、礼仪、沏泡技艺、巡茶艺术、评品质量为一体的、完整的茶道形式，其既是茶艺，也是一种民俗，是"潮人习尚风雅，举措高超"的象征。

潮州工夫茶，以茶会友在当地十分普遍。不论是公众场合还是在居民家中，不论是路边村头还是工厂商店，无处不见人们长斟短酌。品茶不仅是为了达到解渴的目的，还在品茶中或联络感情，或互通信息，或闲聊消遣，或洽谈贸易，潮州工夫茶蕴含着丰富的文化内容。

潮州工夫茶是中国古老的传统茶文化中最有代表性的茶道，在潮汕当地更是把喝茶作为待客的最佳礼仪。这不仅因为茶在许多方面有着养生的作用，更因为自古以来茶就有"待君子，清心身"的意境。喝工夫茶是广东潮汕人日常生活中最平常不过的事，饭后或者客人来访、好友相见，都是以一壶茶来相伴。

茶艺，这种泡茶与喝茶的艺术，早已超越了国界的限制，受到众多国内外人士的喜爱。他们对茶艺怀有无尽的热情，不仅沉醉于茶的香气与味道，更享受在泡茶过程中所带来的那份宁静与乐趣。茶文化的魅力在于其深厚的底蕴和独特的韵味，每一道泡茶的程序，都蕴含着深厚的文化内涵和哲理。从选择茶叶、准备茶具，到烧水、温壶、投茶、冲泡、倒茶、品茗，每一个步骤都充满了仪式感，让人感受到一种内心的平静与安宁。很多人喜欢与他人共享品茶的时光。他们邀请朋友、家人或同事一起，围坐在茶桌旁，分享着茶的香醇，更分享着那份与人共度的温馨与安逸。

唐代陆羽在其著作《茶经》中系统地总结了唐代以及唐以前茶叶生产、饮用的经验，提出了精行俭德的茶道精神。茶圣陆羽和诗僧皎然等一批文人非常重视茶的精神享受和道德规范，讲究饮茶用具、饮茶用水和煮茶艺术，并将儒、释、道思想交融。一些士大夫和文人雅士在饮茶过程中，还创作了很多茶诗，仅在《全唐诗》中，流传至今的就有百余位诗人的 400 余首茶诗，从而奠定了中国茶文化的基础。

二、茶特性

（一）历史性

茶文化的形成与发展，历经数千年的沉淀与积累，其历史脉络深远而悠长。早在武王伐纣的时代，茶叶就开始作为货物交换的物品，在市场中流通，显示出其经济价值的提升。

战国时期，茶叶的种植与制作已具备一定的规模，反映了当时农业的发展和对茶叶需求的增加。先秦时期的《诗经》总集中，已有关于茶的记载，这些诗歌不仅描绘了茶叶的形态与香气，更赋予了茶叶深厚的文化内涵。

魏晋南北朝时期，佛教盛行，茶叶因其具有提神醒脑、清心寡欲的特性，成为僧人"坐禅"时的"专用滋补品"。这一时期，饮茶之风渐起，茶饮逐渐普及到社会的各个阶层。到了隋朝，全民普遍饮茶，茶叶成为人们生活中不可或缺的一部分。

唐代是中国茶文化形成和繁荣的时期，茶馆、茶宴、茶会等茶文化活动层出不穷，人们提倡客来敬茶，以茶会友，茶成了社交的重要媒介。宋代，斗茶、贡茶和赐茶等茶文化活动盛行，茶文化的发展达到高峰。

清代时期，曲艺进入茶馆，茶与文化艺术紧密相连，茶叶对外贸易也取得了长足的发展。

茶文化的形成与发展，与商品经济的出现和城市文化的形成密不可分。历史上的茶文化注重文化意识形态，以雅为主，诗词书画、品茗歌舞等元素融入其中，形成了独特的文化风貌。

在茶文化的形成和发展过程中，儒家、道家和释家也对其产生了深远的影响。茶道精神与儒家思想中的"仁、义、礼、智、信"相呼应，强调人与人之间的和谐与亲近；道家则追求自然与宇宙的和谐，茶道中的"清静无为"便是这种哲学思想的体现；释家则通过茶道来体悟生命的真谛，达到内心的平静与解脱。

（二）时代性

随着我国物质文明和精神文明建设的不断推进，茶文化也获得了新的内涵和活力，不断在内涵及表现形式上实现扩大、延伸、创新和发展。新时代的茶文化，已经不再是传统意义上的简单品茗，而是融入了现代科学技术、现代新闻媒体和市场经济的精髓，茶文化的价值功能更加显著，对现代化社会的作用也进一步增强。

新时期的茶文化，充分利用了现代科技手段，如互联网、大数据、人工智能等，传播方式更加多样化、高效化。人们可以通过网络平台，轻松了解茶叶的品种、制作工艺、品鉴技巧等信息，也可以在线上进行茶叶的购买、交流等活动。现代科技的应用，不仅拓宽了茶文化的传播渠道，也提高了人们的参与度和体验感。

现代新闻媒体也为茶文化的传播提供了强而有力的支持。电视、广播、报纸、杂志等各类媒体，纷纷开设茶文化专栏，介绍茶文化的历史、现状和未来发展趋势，让更多的人了解和喜爱茶文化。这些媒体不仅传递了茶文化的知识，也激发了人们对茶文化的热情和兴趣。

在市场经济的环境下，茶文化也焕发出新的生机。茶叶产业作为农业的重要组成部分，已经成为许多地区的支柱产业。茶农、茶商、茶文化爱好者等各方力量，共同推动着茶文化的发展，他们通过举办茶博会、茶艺大赛、茶文化讲座等活动，让更多的人了解和参与到茶文化中来。

新时期的茶文化，正在以大型化、现代化、社会化和国际化的趋势，展现其独特的魅力和价值。其内涵的迅速膨胀，影响的不断扩大，已经引起了世人的广泛关注。我们相信，在未来的发展中，茶文化将继续焕发新的活力和光彩，成为推动人类文明进步的重要力量。

（三）地区性

中国的名茶、名山、名水、名人、名胜，共同孕育了丰富多彩、各具特色的地区茶文化。在这片广袤的土地上，茶的种类繁多，饮茶习俗各异，再加上各地的历史、文化、生活及经济差异，使得茶文化在每个地方都呈现出独特的风貌。

在中国的各个角落，茶文化都深深植根于当地的生活之中。在古老的山区，人们以种植茶叶为生，茶成了他们生活中不可或缺的一部分。而在繁华的城市，茶文化则融入了都市的繁华与快节奏，形成了独具特色的都市茶文化。

作为中国的经济和文化中心之一的上海，自1994年起已连续举办四届国际茶文化节。这一盛大的活动不仅展示了上海独特的都市茶文化魅力，也吸引了来自世界各地的茶文化爱好者。在这里，人们可以品尝到来自世界各地的名茶，欣赏到茶艺大师们的精湛表演，还可以参与到各种茶文化活动中，感受茶文化的深厚底蕴和无限魅力。都市茶文化以其独特的自身优势和丰富的内涵，成了茶文化中一道亮丽的风景线。

（四）国际性

古老的中国传统茶文化，历经数千年的沉淀与传承，与各国的历史、文化、经济及人文相结合，形成了独具特色的文化并对世界茶文化的发展产生了深远的影响。

在英国，饮茶已经成了人们生活中不可或缺的一部分。英国人将饮茶视为一种表现绅士风格的重要礼仪，无论是日常社交还是重大社会活动，都少不了茶的身影。

日本茶道源于中国，在长期的发展过程中，日本茶道已经形成了具有浓郁日本民族风情的茶道体系、流派和礼仪。日本茶道不仅是一种品茗的艺术，更是一种修身养性、感悟生活的哲学，其茶道中的每一道程序、每一个动作都蕴含着深厚的文化内涵和哲学思想，展现了日本茶道的独特魅力。

中国茶的历史及其发展是中华民族五千年历史文化的缩影。茶文化的形成与发展，与中华民族的精神特质紧密相连。茶文化中蕴含的"和、敬、清、寂"等精神，正是中华民族传统文化中强调的和谐、谦逊、清净、内敛等品质的体现。可以说，中国茶文化是中国历史文化的瑰宝，也是中华民族精神文化的重要组成部分。

（五）内容涵盖

中国茶文化的内容主要是茶在中国精神文化中的体现，比"茶风俗""茶道"的范畴深广得多。中国茶文化的内容涵盖中国的茶书、中国各地区的茶俗、茶具艺术、茶水选择、茶汤冲泡、名茶典故等。

三、茶道精神

茶道精神是茶文化的核心，是茶文化的灵魂，是指导茶文化活动的最高原则。中国的茶道精神和中华民族的精神、中华民族性格的养成以及文化特征是相一致的。

中国茶道是产生于特定时代的综合性文化，带有东方农业文明的生活气息和艺术情调，其基于儒家的治世机缘，体现佛家的淡泊节操，洋溢道家的浪漫理想，借品茗倡导清和、俭约、廉洁、求真、求美的高雅精神。

中国茶道的精神特点主要表现在四个方面。

（一）中和之道

"中和"，这一词语深深烙印在中庸之道的精髓之中。儒家学派一直坚信，若能达到"致中和"的境地，那么无论是天地间的万物，还是人与人之间的情感与关系，都能找到各自的位置，各自安好，实现一种无比和谐的境界。这种和谐，不仅是表面的平静，更是内在的平衡与协调，它包含了宇宙的规律、社会的法则以及人生的智慧。

"文质彬彬，然后君子"这句话，体现了儒家对完美人格的追求。这里的"文"指的是人的外在修养和表现形式，而"质"则是指人的内在品德和本质。只有当这两者达到了高度的和谐统一，一个人才能真正被称为君子。这种和谐统一不仅体现在人的生理与心理、心理与伦理上，还体现在人的内在与外在、个体与群体等多个方面。

对于封建君主和百姓来说，其心中的理想太平盛世，不仅是国家的富强和人民的安康，更重要的是整个社会各种关系的均衡、和谐、有序和稳定。在这样的社会中，每个人都能找到自己的位置，每个人都能实现自己的价值，整个国家就像一部协调有序的机器，稳健地向前发展。无论是个人还是社会，无论是微观还是宏观，儒家都强调了和谐的重要性。这种和谐，不仅是表面的平静，更是内在的平衡与协调，它要求我们在处理问题时，不仅要看到事物的表面，更要深入其内在的本质，找到事物之间的平衡点和协调点，实现真正的和谐。

（二）自然之性

"自然"，这一词语在中国古代文献《老子》中首次亮相，其中写道："人法地，地法天，天法道，道法自然。"这一句话揭示了自然的双重意义。第一层意义，它指代的是那广阔的宇宙空间，涵盖了天地万物，从日月星辰到风雨雷电，从春夏秋冬到花鸟虫鱼，无所不包。这是一个充满生机与活力的世界，每一个生命都在其中找到了自己的位置。

自然的第二层意义，则是指人性中那种自然而然、顺应天道的部分。人们在大自然的怀抱中，不仅获得了生存的土壤，更从中汲取了思想和艺术的灵感。这种灵感使人们在自然境界中得以升华，与自然和谐共处，感受生命的律动。

在中国文化中，生命被视为自然的最高品格。古人言"天地之大德曰生"，这表达了生命在宇宙间的尊贵地位。中国的自然精神主要体现在"万物含生"的生命精神上。儒家认为，万物都蕴含着生命的律动，这种生命是连贯而流畅的，人类与自然是紧密相连的。道家则倡导一种阴柔、宁静的生命气象，尽管这种生命看似寂静，却与大自然融为一体。

道家更是将尊崇自然视为最高的境界，他们倡导"天地与我并生，而万物与我合一"的哲学思想。同时，在中国影响深远的大乘佛教也主张"一切众生，皆有佛性"，认为无论是人还是物，都拥有佛性，因此其法界是一个自然的世界，而非纯粹物质的世界。

尽管儒、释、道在思想主张上有所不同，但它们的基本倾向却是一致的，那就是肯定自然，赞美生生不息的生命流动。这种对自然的敬畏与尊重，体现了中国人对生命和宇宙的深刻理解与感悟。

（三）清雅之美

在茶道的精神中，"清"具有深远的意义。不同于"静"，它不仅是对环境的描述，更多的是对一种状态的追求。"清"既可以形容物质的环境，如清泉、清石、清竹，给人以清新、洁净之感；同时，它也可以用来描述人格的清高，如清廉、清正、清高，代表着一种高尚、纯净的品质。

一个人在一个清净的环境中，静静地煮上一壶茶，茶香四溢，满室生香。他饮下的不仅是那清清的茶汤，更是与自然、与宇宙、与自我对话的媒介。在这样的情境中，茶不再仅仅是茶，它已经成了一种生活的哲学，一种修身养性的方式。

"雅"在茶道中也有着不可或缺的地位。雅俗并存，意味着茶道不仅可以是高雅的艺术，也可以是平凡生活中的一部分。茶道中的"雅"体现在多个方面：环境雅，意味着茶道场所要清幽、雅致，使人感到舒适、宁静；茶具雅，无论是茶壶、茶杯还是茶盘，都要设计精美，质地优良，符合茶道的审美要求；茶客雅，指的是参与茶道的人要具备高雅的情趣和修养，懂得欣赏茶的美妙；饮茶方式雅，意味着品茶的过程中要有规矩、有次序，体现出一种文明、礼貌的态度。

在茶道中，"雅"是不可或缺的元素。没有"雅"，茶道就失去了其独特的魅力，也就无法称为茶艺、茶文化。茶道不仅是泡茶、品茶的过程，更是一种修身养性、提升精神境界的方式。只有达到了茶道的境界，才能真正体会到茶的精髓，品味到生活的美好。

（四）明伦之礼

礼仪，这一人类文明的重要组成部分，其起源可追溯到遥远的原始社会。在那个时代，原始人类为了生存而面临着种种压力，因此他们将万事万物的存在归因于超自然的力量。为了与这些超自然力量进行沟通，他们创造了原始的巫术仪式，这可以被视为人类最早的礼仪行为。

中国数千年的社会进步与变迁，也是一部礼制的发展史。礼制的产生与中华文明的形成、国家的诞生有着密不可分的内在联系。它不仅是社会秩序的基石，也是维护社会稳定和发展的重要手段。

封建社会历代的统治者深知礼仪的重要性，他们通过"礼义以为纪"的原则来维系社会的专制秩序，制定了一系列的基本制度和规则。这些规则不仅体现了统治者的意志，也反映了社会的普遍价值观。《论语·颜渊》中所提到的"非礼勿视，非礼勿听，非礼勿言，非礼勿动"更是成了当时社会成员之间交往的基本准则，指导着人们的言行举止。

在古代中国，礼仪不仅贯穿人们的日常生活，还渗透到政治、经济、文化等各个领域。无论是官方的祭祀、宴会，还是民间的婚丧嫁娶、节庆活动，都有着一套严格的礼仪规范。这些规范不仅体现了尊卑有序、长幼有别的社会结构，也彰显了和谐、稳定的社会秩序。

礼仪在中华文明的发展过程中扮演着举足轻重的角色。它不仅是形式化的行为体系，更是文化的传承和价值的体现。通过学习和遵守礼仪，人们可以更好地理解社会文化，更好地融入社会，为社会的和谐与进步作出贡献。

四、云南少数民族茶艺

饮茶风俗即茶俗，它是在长期社会生活中，逐渐形成的以茶为主题或以茶为媒介的风俗、习惯、礼仪，是一定社会政治、经济、文化形态的产物。

云南是我国少数民族聚集的省份之一，云南的几大产茶区都分布在少数民族聚居区，各民族有着自身的生活方式、地域文化，于是形成了具有自己民族特色的茶文化，使生活更加丰富和多样化。在各少数民族的生活中，饮茶是不可或缺的重要组成部分，云南各少数民族对茶有着独到的理解和异乎寻常的爱好，他们把茶和自己民族的生产生活、人文风情、待人接物等文化现象紧密联系起来，编织出独具自己民族特色的茶文化，促进了各民族经济的发展

云南有 25 个少数民族，各民族与茶的结合方式不同，各自形成了具有本民族特色的品饮方式。如：布朗族的青竹茶、酸茶；布依族的青茶、打油茶；白族的三道茶、烤茶；基诺族的凉拌茶；景颇族的竹筒茶、腌茶；拉祜族的烤茶、竹筒香茶、糟茶；傈僳族的油盐茶、雷响茶、龙虎斗；蒙古族的奶茶、砖茶、盐巴茶、黑茶；阿昌族的青竹茶；佤族的苦茶、煨茶、擂茶；瑶族的打油茶、滚郎茶；彝族的烤茶；苗族的米虫茶、青茶、菜包茶、油茶、茶粥；回族的三香碗子茶、糌粑茶、茯砖茶；纳西族的酥油茶、盐巴茶、龙虎斗、糖茶；

怒族的酥油茶、盐巴茶；独龙族的竹筒打油茶、煨茶；水族的罐罐茶、打油茶；傣族的竹筒香茶、煨茶、烧茶；壮族的打油茶；满族的红茶、盖碗茶；藏族的酥油茶、甜茶、奶茶、油茶糕；哈尼族的煎茶、土锅茶、竹筒茶；等等。

在云南少数民族饮茶中，对普洱茶的发展和影响最深、具有代表性的是：傣族、拉祜族和佤族的"竹筒茶"，拉祜族、德昂族和佤族的"烤茶"，布朗族、阿昌族的"青竹茶"，彝族、白族的"打油茶"，德昂族、景颇族的"腌茶"，藏族的"酥油茶"，基诺族的"凉拌茶"，苗族的"菜包茶"，布朗族的"酸茶"，哈尼族的"土锅茶"，回族的"罐罐茶"，傈僳族的"油盐茶"，怒族的"盐茶"，白族、傈僳族的"雷响茶"，纳西族的"龙虎斗"，白族的"三道茶"，昆明的"九道茶"等。

（一）竹筒茶

竹筒茶是云南少数民族文化特色非常浓厚的特产名茶（图1-2），居住在澜沧江畔、孔雀之乡、凤尾竹下、竹楼之上的傣族，非常喜欢饮用竹筒茶，傣语称之为"腊跺"。竹筒茶产于普洱茶的故乡，这里山高谷深气候温和，昼夜温差大，雨量充沛，全年雾日极多，土壤肥沃，特别有利于云南大叶种茶树的生长，这里生长的云南大叶种茶树，芽叶肥大，白毫显著。竹筒茶的制法是把已晒干的茶装入刚砍回的香竹筒内，放在火塘的三脚架上烘烤至竹筒内的茶软化，大概6～7分钟，然后用木棒将竹筒内的茶压紧，再填满茶继续烘烤。这样，边烤边压边填，如此反复，直至竹筒填满为止。待竹筒中茶叶烤干后，用刀剖开竹筒，圆柱状、黄灿灿的烤香茶即呈现在眼前，掰下少许放入碗中，冲入沸水5分钟后即可饮用。其茶汤既有竹子的清香，又有茶叶的芬芳，实乃茶中佳品。

竹筒茶也是云南拉祜族别具风格的一种饮料，拉祜语叫"瓦结那"，因茶叶细嫩，又名"姑娘茶"。

拉祜族制作竹筒茶的方法是采摘细嫩的芽，经铁锅杀青、揉捻，然后装入生长一年的嫩甜竹筒内，筒口直径5～6厘米，长22～25厘米，边装边用小棍春，然后用甜竹叶或绵纸堵住筒口，放在离炭火约40厘米的烘茶架上，以文火慢慢烘烤，约5分钟翻动竹筒一次，待竹筒由青绿色变为

图1-2 竹筒茶

焦黄色，筒内茶叶全部烘烤干时，剖开竹筒，即成竹筒香茶。如图1-2所示。

竹筒香茶外形像竹筒，呈深褐色圆柱形，芽叶肥嫩，白毫很多，其品质特点是：汤色黄绿，清澈明亮，香气馥郁，滋味鲜爽回甘。这种竹筒香茶既有茶叶的醇厚茶香，又有浓郁的甜竹清香，既解渴，又解乏。

竹筒香茶的另一种制法是将春尖毛茶250克放入小饭甑里，甑子底堆放厚度6厘米浸透了水的糯米，甑内垫一块布，上放茶叶，约蒸15分钟，待茶叶软化充分吸收糯米香气后倒出，立即装入准备好的竹筒内，按前述方法用文火徐徐烤干。

按上述方法制成的竹筒香茶，其品质特点是三香齐备，既有茶香，又有甜竹的清香和糯米香。竹筒香茶耐储藏，将制好的竹筒香茶用牛皮纸包好，放在干燥处储藏，品质常年不变，是当地人招待客人的珍品。

竹筒茶也是佤族人民的饮茶方式之一。制作时要砍新鲜的青竹为具，一端去除一端保留。将新采摘的茶放入竹筒，置于火上烧烤，茶在高温中受竹气蒸烤产生一股清香，冲入开水后饮用。制作过程中如果加入少量盐，滋味更香，饮用此茶可解乏、明目、化滞。用竹筒饮茶的风俗对佤族人是再平常不过的，这种古老的饮茶习惯一直沿袭至今。

（二）烤茶

最具云南少数民族特色的生活化茶艺，要数烤香茶了。佤族、拉祜族、彝族和纳西族等民族及居住在山区的汉族，常用酽厚醇实的烤茶招待客人。烤茶（图1-3）在拉祜语中为"腊扎夺"，对于澜沧县拉祜族人来说，是一种古老而常见的饮茶方法，其制法过程中，用来盛放茶叶的不是竹筒，而是小土罐。先将小土罐放在火塘上烤热，然后放入茶叶进行抖烤（抖动烤制），待茶色发黄时，将茶取出置入壶中，冲以开水，茶煮好后先尝其茶汁浓度，过浓则加开水，调到适宜后倒茶，正式饮用。这种茶汤香气足、味道浓，饮后精神倍增。

图1-3 烤茶

德昂族喜欢饮用砂罐茶，其制法与拉祜族烤茶的制法大同小异，先用大铜壶烧沸山泉水后，再用小砂罐将茶叶烤至焦黄，取已烤好的茶叶冲以烧好的泉水即可饮用。这种茶味道十分浓烈，能及时解渴和消除疲劳。

佤族"烧茶"与烤茶相似，也可把它归入烤茶之列。其制法是：在一块薄铁板上放适量茶并置在火塘上烘烤，烤至茶叶焦黄后，将茶一并倒入开水壶内煮，煮好后即可入杯饮用。

在云南茶饮的方式里，吃烤茶是一个极端，茶叶要煨得烂熟，且茶汤要苦，发黑，似乎不这样，不足以榨取茶叶中的精华，不足以品出茶中韵味。"无味之味"乃喝茶之最高境界，可烤茶却截然相反，味道要越浓越好，煨到汤汁发苦才止。总结这种烤茶的目的，无外乎只有一个，即在极苦之中寻求极甜，经由回味来谋求从苦到甜的转化。

（三）青竹茶

阿昌族喜欢饮用青竹茶，其制法是：取用一尺多长的新鲜香竹作煮茶工具，一寸长的作饮茶的杯子。煮茶的鲜竹筒口径有的达碗口大小，饮茶的鲜竹筒底部削得很细很尖，插在地上，口径有酒盅大小。将装满山泉水的长竹筒置在火塘边上烘烤至泉水沸腾，将茶叶（多为毛茶）放入竹筒内，7～8分钟后，将茶水倒入短竹筒内就可饮用。这种茶多在打猎或远离寨子时饮用。如图1-4所示。

图1-4　青竹茶

这种方法制成的青竹茶别具一格，将山泉水的清甜、鲜竹的清香与茶叶的香醇融为一体，滋味浓烈，特别适合在参观了茶树王或吃了竹筒饭和烤肉后饮用，爽口无比。

（四）打油茶

彝族是一个热情好客的民族，有"客人长主三百岁"之俗话，凡有客人来，必须让位于最上方，至少也要烟茶相待。彝族的日常饮料除茶外，还有酒，酒是彝族人常用的待客之品，民间有"汉人贵茶，彝人贵酒"之说。彝族老年人中饮茶比较普遍，且以烤茶为主，彝族饮茶绝少奉行"茶满为礼"之说，每次只斟浅浅的半杯，慢慢饮之。

白族、彝族、纳西族、普米族等少数民族都喜欢饮用打油茶。如图 1-5 所示。在当地流传着"丽江粑粑，鹤庆的酒，打油茶呀家家有"的俗语。这是茶马古道上保留至今的普洱茶饮法，其所选材料十分精细，制作也非常讲究。

图 1-5　打油茶

1．材料选配

（1）米。以香糯米为佳，没有香糯米一般米也可代之（米的质量决定了油茶的风格）。

（2）茶。以云南当地所产大叶茶为最佳。

（3）油。选用新鲜非植物油。

（4）适量盐、花生、麻子、花椒。

（5）糖。红、白糖皆可，各具风味。

2．烤油茶程序

第一步：把所需器具（火炉、土罐、小土碗、勺子、水壶等）和上述所说的烤茶材料准备好待用。

第二步：把土罐、小土碗、勺子等洗涤干净。

第三步：把土罐移至火炉上预热。

第四步：待土罐充分预热烘干后，放入适量香糯米、花生、麻子、花椒，烤至香味四溢。

第五步：向土罐中放入适量新鲜油，油的多少决定了烤油茶的味道和风格。在烘烤的过程中要不断地用筷子搅动或晃动土罐，使油和米充分相融，均匀受热。

第六步：待米烤至发黄后，根据个人喜好投入适量的茶（茶的品质也决定着烤油茶的味道和风格），投茶后，迅速地抖动茶罐若干次，使罐内物质充分相融，同时，还要避免茶被炸焦。一切都做好后，向罐内注入水，在炉上煮沸即可。

第七步：根据个人口味，直接饮用或添加一些糖或适量的盐再饮用。

第八步：把烤制好的油茶分敬给客人。

茶香、米香、油香溢满打油茶杯内外，香气浓郁，滋味醇甘，汤色乳黄。饮后惬意舒适、沁人心脾，实为营养保健之饮料的首选。

（五）腌茶

腌茶在德昂族、景颇族之中颇为流行。普遍的制法是：在雨季将鲜叶采摘后立即放入灰泥缸内，压满后以很重的盖子压紧泥缸内的茶叶，数月后将茶叶取出，拌以其他香料，即可食用。

腌茶的另外一种制法是：将采摘回的鲜嫩茶叶洗净，拌上辣椒、食盐，放入陶缸内压紧盖严，几个月后即成为"腌茶"，取出既可当菜食用，也可作零食嚼食。如图1-6所示。

图1-6　腌茶

景颇族有一种颇为古老的饮食——竹筒腌茶，就是将鲜叶用锅煮或蒸，使茶叶变软后放在竹帘上搓揉，然后把搓揉好的软茶叶装入大竹筒里，用木棒春紧，用竹叶堵塞筒口，将竹筒倒置，过滤出筒内茶叶的水分，晾两天后用灰泥封紧筒口。两三个月后，剖开竹筒，取出发黄的茶叶晾干后再装入无水的罐中，拌上香油即可以直接食用，根据个人喜好，也可以加蒜或其他配料炒食。

（六）酥油茶

藏族饮用酥油茶的历史最悠久。酥油茶所用茶叶一般为砖茶，其制作方法是：将茶砖捣碎，取适量放入锅内，加水煮至沸腾，待熬成汁后，一并倒入茶桶（多为木质或铜质）内，加入酥油和少量牛奶，搅拌成乳状即为鼎鼎有名的藏族酥油茶，如图1-7所示。也可以与糌粑混合成团，与茶共饮。酥油茶兼有酥油和鲜奶的润滑与香甜，清新可口。喝酥油茶有一个不成文的规定，如果喝了一半不想喝了，放下后要等主人添满，等告辞时须一饮而尽，这才不至于失礼。

图1-7　酥油茶

（七）凉拌茶

基诺族的"凉拌茶"别具特色，基诺语称为"拉拔批皮"。其制作方法是：采摘鲜嫩的茶叶，揉软搓细，放在大碗中，取黄果叶、酸笋、酸蚂蚁、白参、大蒜、辣椒、盐等配料搅拌，即为基诺族喜爱的凉拌茶，如图1-8所示。这种食用方法自古有之，据说已有3 000多年的历史了。

图1-8　凉拌茶

（八）菜包茶

居住在云南东北乌蒙山上的苗族，自古就有一种独特的、被当地人称为

"菜包茶"的饮茶方式。菜包茶即以菜包茶,其制法是:取几片洗净的、宽大的新鲜白菜叶或青菜叶,将茶放入菜叶中包好,放入火塘的热灰中,表面加炭火,5~6分钟后,茶叶便发干,取出后除去菜叶,将热茶叶分装在茶杯中,迅速注入沸水即可,如图1-9所示。

图1-9　菜包茶

这种菜包茶饮后既能解渴,又能祛除疲劳。此法制作的茶叶,其中的萜烯类和棕榈酸物质具有很强的吸附异味的特性,经焖制后,能使菜叶与茶叶的芬芳味混合起来,加之茶叶中的生物碱和其他生化物质发生改变,所以冲泡后,会散发出茶菜混合的芳香,刺激人们的嗅觉和味觉,饮后十分舒服。

（九）酸茶

布朗族是云南最早种茶的少数民族之一,他们自古至今一直保留有食"酸茶"的习惯,其制作一般在五六月进行。将采摘回的鲜茶叶略微煮一下,放在阴暗处十多天,让它自然发酵;将发酵好的茶叶放入竹筒内再埋入土层中,一个多月之后,即可取出直接食用,无须冲泡。如图1-10所示。酸茶是咀嚼后咽下的,可以帮助消化和解渴。酸茶既可供自食,同时也可作为礼物互相馈赠。

图1-10　酸茶

（十）土锅茶

西双版纳当地的哈尼族自古就有饮用"土锅茶"的习惯。哈尼语称土锅茶为"绘兰老泼"，这是一种古老而方便的饮茶方法，其制作方法是：用大土锅将山泉水烧开，放进南糯山上的特产"南糯白毫"，煮 5 ～ 6 分钟后，将茶汤装入用竹子制的茶盅内饮用，茶汤清香可口，回味无穷。如图 1-11 所示。

图 1-11　土锅茶

（十一）罐罐茶

居住在曲靖、寻甸、马龙等地的回族世代沿袭着饮用罐罐茶的习俗。罐罐茶又称普洱烤茶，是招待宾客的一种礼茶。他们供自己饮用的罐罐茶多选用春尖、谷雨茶，招待客人时则用珍藏的七子饼茶。

罐罐茶的制作方法是：将专用的土陶罐（该陶罐高 10 厘米，口径 5 厘米，罐腹径 7 厘米，当地人认为土陶罐透气性好，散热快，不易使茶汤变味）放在火堆或火塘上预热，将饼茶掰散投入罐内抖烤，茶变焦黄时茶香四溢，将烧沸的开水注入罐内，3 ～ 5 分钟后，茶汤便呈橙黄色，分倒入茶盅，再往茶盅中注入清水，将浓茶汁冲淡，方可饮用。如图 1-12 所示。这种茶汁汤色醉红，滋味浓烈，像烈性酒一样，具有提神生津、解热除疫的功效。

图 1-12　罐罐茶

（十二）油盐茶

在云南傈僳族聚居区至今还沿袭一种古老的茶饮——油盐茶。此茶的做法是先将茶叶放入土陶罐中在火炉上烤至发黄，以开水冲之，然后加入食用油和盐，再加入开水煮 3～5 分钟即可。如图 1-13 所示。

图 1-13　油盐茶

这种茶既能解渴，又可充饥，一举两得。傈僳族在举行婚礼时，都要饮用红糖油茶，即将花生、芝麻和茶叶等碾碎后制成油茶，再加上红糖。此红糖油茶一般由女方家来做。婚宴上的宾客在饮用红糖油茶之前，必须先喝一杯浓度较高的苦茶，预祝新婚夫妇同甘共苦，先苦后甜。

（十三）盐茶

盐茶是居住在怒江流域的少数民族——怒族的一种较为普遍的饮茶方法。其制法是：先将陶罐放在炭火上烤烫，将一把青毛茶或掰一块饼茶放入罐内烤至发出香味，再将事先煮沸的开水加入罐中，沸腾翻滚 3～5 分钟后，去掉表面的浮沫，在陶罐中放些盐巴，并将陶罐晃动，使茶水转三五圈，最后将茶汁倒入茶盅里，以适量开水稀释至陶罐中茶味消失为止。如图 1-14 所示。这种茶兼具解渴和充饥的双重功能，别有风味。剩下的茶渣也不浪费，可用来喂马、牛，亦可起到增进其食欲的作用。

图 1-14　盐茶

怒族人几乎每家都有一个土陶罐，"苞谷粑粑盐巴茶，老婆孩子一火塘"，形象地描述了怒族人围坐在火塘边，边吃苞谷粑粑边饮茶的生活情景。茶叶是怒族人不可或缺的生活饮用品，"早茶一盅，一天威风；午茶一盅，劳动轻松；晚茶一盅，提神去痛，日三盅，雷打不动"已成为怒族的饮茶谚语。

（十四）雷响茶

雷响茶是云南白族人用来待客的一种礼茶。当家中来客人时，主人把鲜茶叶投入砂罐中烘烤至发出香味后，冲入沸水，此时罐内发出雷响似的声音，借以表示对客人的欢迎。等茶再煮上3～5分钟后，取茶汤倒入茶杯中双手献给客人饮用。雷响茶因没有添加任何香料，故茶汤略有苦味，但饮后会有回甘。如图1-15所示。

图1-15　雷响茶

在云南傈僳族聚居区也流行一种雷响茶，但与白族雷响茶的制法完全不同。傈僳族人用大瓦罐来烧水，用小瓦罐来烧烤茶叶。待茶叶烤出香味后，用大瓦罐烧开的水冲泡，再熬大约5分钟，将茶渣滤去，茶汤倒入酥油桶内。加入酥油及核桃仁（已炒热碾碎）、花生仁、盐巴或糖。为提高桶内茶汤温度，以使酥油快速融化，傈僳族人通常会在桶内放入钻有孔洞的、已烧红的鹅卵石。待鹅卵石入桶后，桶内会发出犹如雷鸣般的响声，所以此茶被称为"雷响茶"。响声停止后，用木质的杵棒在桶内搅动使桶内物质混合均匀，趁热饮用。

（十五）龙虎斗

在茶中加盐、加油、加糖，可能并不罕见，但在茶中加酒就甚少为人所知了。居住在玉龙雪山下丽江城里的纳西族，有着悠久的历史文化，也是一个喜爱饮茶的民族，他们既流传了油茶、盐茶、糖茶的饮用方式，也保留了富有神奇色彩的饮茶方式——龙虎斗。

在纳西族语中龙虎斗被称为"阿吉勒烤"，其制法是：首先将茶放在小陶罐中烘烤，待茶焦黄后，注入开水熬煮至发浓，同时在茶杯内盛上小半杯白酒，将煮好的浓茶水冲入盛酒的茶杯内，茶杯内会发出悦耳的响声。纳西族把这种响声看作吉祥的象征，响声越大，标志着越喜庆，在场的人就越高兴。响声过后，茶香四溢。如图 1-16 所示。有的还在茶水里加上一个辣椒，饮后周身出汗，可治疗感冒。

图 1-16　龙虎斗

（十六）三道茶

聚居在苍山之麓、洱海之滨的白族，对饮茶十分讲究，在不同场合有不同的饮茶方式，自饮多为雷响茶，婚礼多为两道茶（一苦二甜，象征生活先苦后甜），招待宾客一般用著名的三道茶（也称三味茶，即一苦二甜三回味）。如图 1-17 所示。三道茶即主人依次向宾客敬献苦茶、甜茶和回味茶。

图 1-17　三道茶

第一道茶为苦茶。其制法是先将小砂罐放在炭火上预热，再放入适量的苍山雪绿或沱茶等云南名茶，不停地晃动砂罐，待茶叶发黄散出香气时，立即注入沸水，而后将茶倒入茶杯中，敬献给客人。这道茶具有苦味，香味清郁，饮后使人口留余香，精神为之一振。

第二道茶为甜茶。甜茶的制作非常复杂，用料也很讲究。在茶杯内放入生姜片、红糖、蜂蜜、白芝麻（已炒热）、熟核桃仁片，再加上从牛奶里提炼熬制出来又经烘烤切细的乳扇，冲入沸水即成甜茶。此道茶香甜可口，营养丰富，饮时可佐以橄榄、菠萝等茶点。

第三道茶为回味茶。其制法是将麻辣桂皮、花椒、生姜片放入水里煮，煮好后将汤汁倒入杯内，根据口味放入适量苦茶和蜂蜜就可饮用了。此茶香甜苦辣四味俱全，饮后让人回味无穷，联想万千。

三道茶还有一种说法，就是第一道为糖茶，即茶水中加糖，表示主人对客人的欢迎；第二道为苦茶，即不加任何配料且浓度较高的茶水，这道茶需慢慢地品味，借着这长长的时间来细细地交流宾主之间的思想感情；第三道为米花茶，即茶水中加入少量爆米花、姜丝、蜜糖等。喝这道茶，意味着宾主互祝美好，也意味着客人对主人的感谢，有流连忘返之意。

无论是哪种制法的三道茶，其每道茶的口味各不相同，皆蕴含着无限深邃的人生哲理，引人深思。白族"三道茶"不仅是白族人民日常生活的必饮品之一，更是逢年过节、宾客来访时必不可少的礼仪之一，且常伴以富有白族特色的歌舞，以此来烘托喜庆的气氛。

（十七）九道茶

昆明的书香门第多用九道茶来接待佳宾，故九道茶也称为"迎客茶"。其具体的制作方法如下。

第一道：品茶。就是将准备好的各种名茶，如南糯白毫、苍山雪绿、黛玉茶等拿出来供客人选用。

第二道：温杯（净具）。用温水冲洗茶壶、茶杯等，既可清洁消毒，也可提高茶壶的温度，有利于茶叶中茶多酚的充分溶解。

第三道：投茶。将客人选好的茶品取适量放入已冲洗干净、留有余温的茶壶内。

第四道：冲泡。就是将初沸的开水（泉水更佳）冲入壶中，一般开水冲到壶的三分之二处为宜。

第五道：瀹茶。冲水后将茶壶加盖，使茶中水浸出物充分溶解于开水中。

第六道：匀茶。加盖约5分钟后再次向壶内注入开水至满为止，使茶汤浓淡适宜。

第七道：斟茶。将壶中茶水从左至右分两次倒入茶杯中。

第八道：敬茶。由小辈双手捧茶盘，按长幼顺序将茶水依次敬给客人。

第九道：喝茶。一般是先闻茶香以增加精神享受，后将茶水徐徐喝入口中加以细细品味，享受饮茶之乐。

九道茶入口后，我们不禁由此感慨：昆明山美、水美、人美，饮九道茶更美！

五、弘扬中国茶文化

弘扬中国茶文化的总体目的是为人类社会的文明与进步作出贡献。具体到茶行业本身，弘扬茶文化应该是促进茶业事业的发展。为实现这一目标，当前及未来一段时间内应着重开展以下几个方面的工作。

（一）挖掘和整理茶叶史料，建立中华茶文化宝库

历经数千年，茶叶的发展史积淀了丰富的文化底蕴。在这漫长的岁月里，历代茶人通过撰写书籍和论述，积累了大量的茶叶历史资料。这些资料包括茶书、茶诗词、茶书法、茶画、茶歌茶舞、茶的历史文献以及地方志中对茶的详尽记载，涵盖了广泛的内容。倘若我们能够投入足够的精力与时间去整理这些宝贵的资料，将它们汇集成册，这将成为中华茶文化教育的一座丰富宝库。同时，这也是弘扬茶文化不可或缺的重要一环，对于传承和发扬中华茶文化具有深远的意义。

（二）发现和保护中华茶文化教育的历史遗迹，发展茶文化旅游事业

中国茶区广阔、历史悠久，各地存在着许多与茶相关且值得挖掘与保护的历史遗迹，如摩崖石刻、古建筑、古墓葬、古茶器具、石碑、茶亭、古井、茶园、古茶树等。对于所有具有保存价值的遗迹，我们都应当尽力保护和妥善管理。同时，具备条件的地方可以结合茶文化资源，发展茶文化旅游产业，不仅能扩大宣传效应，还能增加经济收入，实现文化与经济的双赢。

（三）充分发挥各种媒体的宣传作用，普及茶文化知识

推广茶文化并非仅限于茶界与文化界的有限范围内，而应通过各类媒体渠道进行广泛宣传，让更多热爱品茶的人士及消费者持续获得茶文化的新知与更新，进而推动茶叶的消费热潮。

（四）倡导茶人、茶德精神，促进精神文明建设

中国的茶人精神与茶德精神的核心内涵，至今尚未形成定论。陆羽所倡导的"精行俭德"，庄晚芳所提倡的"廉美和敬"，虽然各自强调的侧重点有所不同，但所体现的基本精神却是相通的。我们应当积极弘扬这些茶人、茶德精神，净化人们的思想意识，提升道德标准，以促进精神文明建设的持续发展。

（五）恢复和发展历史名茶，丰富茶叶产品市场

为了恢复和发展历史名茶，各地已经积极开展相关工作。在这一过程中，必须遵循市场经济的规律，避免片面追求高端、精细和尖端的产品，而应当注重满足大众消费需求。同时，应该努力创立名牌，将高质量和高效益作为追求的目标，以推动茶叶产业的可持续发展。

（六）培训和规范茶艺茶道，引导茶艺馆健康发展

中国各地的饮茶技艺各具特色。如今，茶馆和茶艺馆逐渐增多，尽管它们档次各异，但共同的目标都是满足各类消费群体的合理需求。因此，我们的工作重点在于引导消费者如何科学地泡制一壶（杯）好茶，以及如何品味和欣赏它，从而充分发挥茶叶的饮用价值。至于茶道茶艺表演，虽然它作为一种艺术形式可以被规范和保留，但我们并不提倡所有人都必须以这种缓慢的方式饮茶。实际上，中国老百姓长期沿用的随和饮茶方式，仍然是最适合他们自己的方式。

（七）扩大国际茶文化交流活动，增进友谊，促进茶叶贸易的发展

茶文化作为中国的传统文化之一，已经对全球茶文化产生了积极的影响。通过进一步拓展国际茶文化教育交流活动，不仅有助于增进友谊、促进和平事

业的发展，还能让更多国际友人了解中国丰富多样的茶叶产品，进而推动国际茶叶贸易的繁荣。这不仅是对中华茶文化的传承和弘扬，也是对全球茶文化的交流与融合的重要贡献。

（八）加强茶与健康的科学研究，促进茶叶消费

饮茶对健康的益处已为人们所熟知。然而，关于茶叶的保健功能究竟有多大，如何正确、科学地饮用才能达到最佳效果，对于不同消费者因身体状况不同而如何选用茶叶等问题，仍需加强科学研究。只有将这些通过研究获得的科学知识，通过各种渠道普及给普通消费者，才能真正推动茶叶的消费。

中华茶文化源远流长、博大精深，充分发挥其功能与作用，必将助力茶业事业的蓬勃发展，促进人类文明的进步与提升，并对社会发展作出积极的贡献。

第二章　普洱茶的渊源

第一节　普洱茶的历史

一、商周至元代

史料记载，商周时期，濮人曾向商王进贡茶叶。《华阳国志·巴志》记载："土植五谷，牲具六畜，桑蚕麻苎，鱼盐钢铁，丹漆茶蜜、灵龟巨犀，山鸡白雉，黄润鲜粉，皆纳贡之。"这是有关贡茶的最早记载。先秦古籍《逸周书》里记载："瓯、邓、桂国、损子、产里、百濮、九菌，请令以珠玑、玳瑁、象齿、文犀、翠羽、菌鹤、短狗为献。"《普洱府志》记载："正南产里白濮请以象牙短狗为献。"孔晁注：短狗，狗之善者也。尤其是在《普洱府志稿》卷九提到"普郡商周……始贡方物"。"方物"是地方进贡的各种物产。茶很早以来是这一地区濮人的特产物品，还是这里濮人敬天、地、人、神的最高礼品，它随着地方特产进贡天子，是物质与情感交流的一种形式。到了南北朝，贡茶同御茶已作为王朝君臣普遍享用的珍品饮料，齐武帝萧赜为兴国计民生，提倡"宜俭莫奢"的祭祀新风。祭祀，一律以茶叶取代"三牲（猪、牛、羊）福礼"的祭礼用品。在这一时期，为了取得王朝的信任，一方王侯向天子进献，茶叶作为当地的特产，无疑也是这一时期的贡物。

公元前 109 年，汉武帝封赏尝羌为滇王，并赐"滇王之印"，滇王设益州郡，郡治在滇池县。魏晋的吴普在他的《吴普本草》一书中记载"苦菜一名茶，一名选，一名游冬，生益州谷山陵道旁，凌冬不死，三月三日，阴干"，证明了汉朝产茶，而且茶叶已经进入中原。据《普洱府志》记载，东汉年间，澜沧江流域各地即有茶树栽培历史并且对普洱人工栽培茶叶有了文字记载。

三国时期，"武侯遗种"打开了普洱茶广种之门，距今一千七百余年。这一时期的边疆地区，可以说是人工栽培普洱茶的鼎盛时期。清道光《普洱府志》卷十二载："旧传武侯遍历六茶山，留铜锣于攸乐，置铓于莽枝，埋铁砖于蛮砖，遗木梆于倚邦，埋马镫于革登，置撒袋于曼撒。因以名其山。""又莽枝有茶王树，较五山茶树独大，本武侯遗种，今夷民犹祀之。"

茶马古道西北路上有一个传说：在离普洱五公里左右有一泉水，泉边立有一块石碑，上刻"哑泉"两个大字，大字旁的小字是"此乃哑泉不能饮"。传说是诸葛亮南征时，大军经过此地饮泉水得了哑疾，诸葛亮就在泉水旁立下石碑警示后人。士兵得了哑疾后，喝了土著居民用开水泡的茶，治好了哑疾。诸葛亮在土著居民那里得知，茶不但能治哑疾还可解暑疗瘴。后来他在南征所到之处，将茶种大为推广，即"大兴种茶"。此举动推动了边疆茶业的发展，诸葛亮也被边疆一带的后人尊为"茶祖"，深得边疆各民族拥戴，年年被祭拜。

诸葛亮南征"大兴种茶"之事，在《普洱府志》中记载孔明南征时，恩威并举，深得民心，将士水土不服多病，民众煮茶为药，将士服用后得以康复。孔明见茶叶能治瘴疾之病，消除远征之疲劳，视茶为珍宝。蜀建兴三年（225年），武侯孔明"平定南中，倡兴茶事"。诸葛亮是否曾到过普洱，不得而知。在《云南通志》中也记载："下路由景东历者乐甸行一日至镇沅府，又行三日始达车里宣慰司之界，行二日至车里之普洱，此处产茶，一山耸秀，名光山，有车里一头目居之，蜀汉孔明营垒在焉，又行二日至大川原，轮广可千里，其中养象。其山为孔明寄箭处，又有孔明碑，苔渗不辨字矣。"《新纂云南通志》卷二十四载："锦袍山，一名光山，在宁洱东二里（即普洱）。山势雄崎，上有垒址。相传武侯南征结营于此，向有车里头目居之。"普洱"锦袍山"植被多为茶树。清嘉庆二十年（1815 年），人们在山顶蜀汉孔明垒营遗址建造钟鼓楼（别名东门山）。可见，诸葛亮"南征"对这一地区茶文化所产生的深远影响，完全归之附会是不符合历史唯物主义的。

现存的人工栽培古茶园，栽培年代基本上都是这一时期的。如澜沧景迈万亩古茶园、勐海南糯山人工栽培古茶园、普洱困鹿山人工栽培古茶园等。其中如澜沧邦崴过渡型古茶树，树龄在 1 000 余年，基本上是这一时期所种。

唐朝时期（618 ～ 907 年），樊绰出使云南南诏地，在他所著的《蛮书》卷七中记载："茶出银生城界诸山，散收无采造法，蒙舍蛮以椒、姜、桂和烹而饮之。"唐时，云南南诏归属于"银生节度"统辖（银生节度即今之景东一带，包括元江地区）。古文献称："唐为威远睑，总名和泥，即今之元江也，旧名惠笼甸，唐属银生节度。"《滇史》卷七记载："银生城在扑赕之南，去龙尾城（龙首，即今上关，龙尾即今下关）十日程，东南有通镫川，又直南通河普川，又正南通羌浪川，却是边海无人之境也。……又威远城、奉逸城、利润城内有盐井一百来所，茫乃道并黑齿等类十部落皆属焉。""威远城""奉逸城"即现在的景谷、普洱，"利润城"为今勐腊易武。史料记载，唐贞元十年（794 年），南诏政权在易武设置利润城。

唐朝时期，乾符六年（879 年），南诏政权在今普洱设睑治，取名"步日睑"。"睑"为南诏政权的基层行政单位，当时普洱通西藏的"茶马古道"西北路已形成，那时的步日茶已成为商品传至中原。步日城（今普洱）内有商人以马匹、乳制品、药材、豆、金交换步日的茶叶。南宋李石所著《续博志》中记载："西蕃之用普茶，已自唐时。"清代《普洱府志》记载："年运吐蕃之茶达三万担。"此时的普洱茶为驮运方便，茶商将散茶再蒸，并紧压成团茶。大者如人头，称"人头茶"；小者如牛心，称"牛心茶"。团茶的制作技术，唐朝时期在中原就被使用。西安法门寺地宫出土的"金银丝结条笼子"就是用来保管贮藏团茶的。唐代人喜饮团茶，为了使茶干燥但味不减，须将团茶装入吸热方便且易散发水气的焙篓之中，烘干茶的水分。法门寺出土的"茶槽子、碾子、茶罗子、匙子一副七事"，反映了唐代茶文化达到至高境界。从唐代煮茶时，装盐、粟米等调料的器具"鎏金纽摩羯纹三足架银盐台""鎏金银坛子"中可以看出，唐代煮茶加佐料的饮茶方式与边疆少数民族保留至今煮茶时加"花椒、姜、桂烹茶"的方式是相同的。古代本草家认为，茶味甘苦微寒，椒、姜、桂具有热性，把其等和烹而饮，可以去寒，这被誉为饮茶良法。至今滇南一带还保留着唐代制茶、饮茶的遗风。由此可见，当时中原茶文化与边疆茶文化是相互融合的。

宋代（960～1279年），普洱茶开始走向兴盛。大理国将南诏时期所设的"步日睑"改为"步日部"，先属威楚府，后划归旧蒙舍镇管辖。此时宋朝与北方金朝连年征战，急需战马，大理国便在步日部设"茶马市场"，以步日部茶叶换得西藏马匹，再将马匹北转卖宋朝。"茶马市场"的形成，引发了宋朝茶叶生产发展的高潮。以茶叶换西番之马，不但扩大了普洱茶叶市场，而且促进了普洱府辖区一带的制茶业和种茶业的发展。宋代，普洱茶虽然没有固定的名称，但茶已有了知名度。

"茶马市场"继续发展。往来于云南普洱与西域之间的马帮，运来西域大批的毛皮、布匹、纸张、刀具等日用品及麝香、贝母之类的药材和马匹等，在云南交换得到茶叶。《云南边地问题研究》载有范义田谈江边古宗（藏族别名）的一段话："古宗巨商骑马千百，入内地市布、盐茶。而普洱茶，尤为其日常所嗜好，每年出而运载，为数不下巨万，名曰'赶茶山'，归则顺往鸡足山精舍顶礼，名曰'朝鸡足'。"唐宋以来茶马古道使普洱茶逐步走向兴盛，正如史籍所称"兴于唐而盛于宋"。

元朝（1271～1368年），中国茶的文化传承过程显得特别平淡。蒙古铁骑占领云南，将宋代的"步日"改普日，在思茅（2007年更名为普洱市）一地设为思么，两地各设"甸"治，于普日加设"普日思么甸司"，辖两甸及南方各地，甸司归属于元江路节制。从元代中期开始，"普日"的茶叶随着以食肉、乳品为主食的蒙古人进入外邦。这在后俄国大文豪托尔斯泰的文学巨著《战争与和平》中有一定的描述。清代茶叶进入俄国，让不少俄国人喜欢上了中国的茶叶。1877～1878年，俄土战争期间，俄国在进军巴尔干的途中遭遇寒流，许多士兵被冻伤，但凡是喜欢喝茶的士兵冻伤和患病的概率就小。俄军高层将领对此深感好奇，经过多次实验分析，他们得知，原来茶叶具有改善水质、解毒止渴、清心醒脑、提高肌力等功效。不仅如此，在蔬菜、水果缺乏的情况下，它还可以补充人体每天需要的维生素。于是，从1886年开始，俄军正式把茶叶列为军需食品，定量供给士兵，战时每人每天多达6克。

二、明、清两代

　　明朝，普洱茶的名称得以确认。明洪武十六年（1383 年），中央政府将"普日"改称"普耳"，划归车里军民宣慰司管辖。万历年间，"普耳"被改写为"普洱"。李时珍著的药典《本草纲目》中记载："普洱茶出云南普洱。"明代编纂的《云南通志》记载："车里之普洱，此处产茶。"谢肇淛在他的《滇略》中记载："士庶所用，皆普茶也，蒸而成团。"三本书同时出自万历年间，语出一致，将"普洱"一词和"普洱茶"名固定下来，至今无变。明太祖朱元璋出身农民，看不惯以斗茶为乐的奢侈生活，即位后废团茶，下令改革贡茶，"罢造龙团，惟采芽茶以进"。当时，中国各种茶都被改头换面，唯有生产在南方边陲地区的普洱茶，由于明朝政令鞭长莫及，仍保留团饼茶型。明末（1644 年）出版的《物理小识》中就有记载："普洱茶蒸之成团，西蕃市之。"普洱茶一词在明朝被正式写入历史，而且成了"士庶皆用"的名茶。

　　清朝初"普洱茶"在京城普遍受到欢迎和好评。《普洱府志》中载有"誉享京华"和"普茶名重京师"等记述。此时，形成了以普洱为中心，通往我国的北京、西藏、景栋以及缅甸、老挝、越南三国的六条"茶马古道"。普洱茶不仅占领了云南、西藏市场，还销往京城和内地各省，并且远销欧洲，后又传至美洲，进入鼎盛时期。清顺治十六年（1659 年），宫廷正式将普洱茶列为贡品，普洱茶更是风靡于世，当时"士庶所用，皆普洱也"。进贡朝廷的普洱茶，除供皇室饮用外，还时常作为礼物赠予外国使节。

　　普洱茶的发展，增进了边疆和内地的联系，关于普洱茶的文字论著也逐渐丰富起来，尤其是普洱府的建立，对普洱茶的繁荣发展起到了推动作用。车里归顺清廷之后，顺治十八年（1661）十月，主政云南的吴三桂"以普洱地方半归车里半属元江，并普洱、思茅、普藤、茶山、勐养、勐煖、勐捧、勐腊、整歇、勐万、上勐乌、下勐乌、整董等十三处隶元江府"。康熙三年（1664 年），设元江府普洱分府，移元江通判驻普洱，为普洱通判，管辖十三版纳，清朝是普洱茶走向全国乃至世界的鼎盛时期。

　　雍正七年（1729 年），设普洱府治，为流官制，辖六大茶山、橄榄坝及江内以东、以北的六版纳；对江外各六版纳设车里宣慰司，为土司管制。根据流官管土官原则，普洱府对车里宣慰司实行羁縻管理。此外，还在普洱设立茶局，思茅设茶叶总店，对普洱府辖区茶叶实行更有力的规范管制，普洱府成为最大的普洱茶商业集散地。当时普洱府城外建有高大坚实的砖墙，整座城市气势不凡，有朝阳门、宣武门等。各地商人云集普洱，普洱也因茶而成为文化荟萃之地。

茶局主要管理茶叶的生产、加工运销及为茶商发放"茶引"、监制贡茶，负责验收、打包、压印花，并把茶叶押解进京；另外还负责征收税银、发放贡茶的例银等。在专门机构的管理下，这一时期的茶叶种植的规定是：秋季采种，当即播种，株行距1.3米见方，每亩300～400株，直播为主，间苗移栽为辅，采用茶树与香樟、柏树混种的种植方式。为当时推广茶叶种植起到了积极的作用。

《云南道志》卷八《普洱府风俗》中记载："衣食仰给茶山。"并载有税银征收规定："普洱府年发茶引三千，每引收税银三钱二分（加其税费，合每引征税一两，年征收茶税合三千余两），行销办课，定额造册题销。"

雍正七年（1729年）普洱府治在思茅设立总茶店，指派通判官员掌管总茶店。

雍正十三年（1735年）设置"思茅厅"，辖车里、六顺、倚邦、易武、勐腊、勐遮、勐阿、勐龙、橄榄坝九土司及悠乐土司共八勐地方；六大茶山也在思茅厅辖区内。于是，普洱府的思茅厅就成为普洱茶的购销集散点。清政府在普洱征收茶捐，每一百斤茶发茶引一引，当年发茶引三千，以一担一百斤计算，当年普洱府作为商品流通的茶叶近三千担。

清朝中后期，随着外销市场的不断扩大和省外需求的日益增加，以及马帮活动的逐渐频繁，普洱茶的产销逐渐兴旺起来。咸丰同治年间"仅倚邦易武各茶山所近万担"。六大茶山仅是云南普洱茶产区之一，倚邦和易武是六大茶山之二，其产量已达近万担，可见普洱茶已经有了相当大的产量。到清末，普洱茶年销量约达五万担。

1840年中英鸦片战争以后，通商口岸的开放及外国势力的进入，客观上拉动了云南普洱茶向边界发展贸易。

清朝时，普洱茶加工业得到进一步完善。普洱府加强了对茶区和茶商购销茶叶的管理后，茶区以粗加工为主，精加工则集中在普洱府茶局及总茶店。茶叶采摘与加工也有了技术等级的划分。

《普洱府志·食货志一》载："普洱虽介于万山聚杂之中，然地沃而力厚，五谷繁滋，盐、茶、矿产之利亦饶而溢。"普洱府作为边疆政治文化中心的历史重镇，在当时普洱茶市场的推动下，云集普洱的客商不断增加，为茶而来，常驻宁洱（普洱府所在地）并建商业会馆的有秦晋、两广、四川、江西、两湖、杭州、庐陵、吉安、建昌、玉溪、建水、石屏、盱江及通海等处的茶商。当时该地有商号 180 余家，其中较大商号有协太昌、同心昌、荣和昌、中和祥等 20 余家，这些商号以经营为主，兼做茶叶加工，坐商 365 户，行商 11 户，小摊贩 478 户。商业贸易的繁荣，促成了该地天天有集市的胜景。每年 4 月，为期 10 天的"花茶市"交易会吸引着两广、两湖、江西、四川、西藏等地的商民，他们带着工业品及土特产远道而来。大理、楚雄、景东、景谷来的商民带来了食糖、乳饼等物品；当地商民则以普洱茶、磨黑、石膏井盐等作为主要交易商品；还有来自暹罗、缅甸的客商，他们带着进口的洋靛、鸦片、香皂、肥皂、棉花等货物来此做买卖。各地客商的涌入，使普洱"花茶市"经久不衰，并持续了 130 余年。"花茶市"期间，英法两国通过暹罗、缅甸向宁洱地区输入鸦片，以鸦片作交易。道光二十三年（1843 年）思茅设立海关后，普洱茶加工、出口、销售在思茅地区逐年增加。

普洱府军政建制的不断完善，推动了茶山管理制度的形成。对茶山实行管理，是由于当时普洱茶茶区广大，而且利润甚巨，图利者冒着生命危险私自采购贩茶。当时盛况正如清代檀萃著《滇海虞衡志卷十一草本》所概述："普茶名重于天下，此滇之所以为产而资利赖者也，出普洱所属六茶山：一曰攸乐，二曰革登，三曰倚邦，四曰莽枝，五曰蛮岗，六曰慢撒，周八百里。入山做茶者，数十万人，茶客收买，运于各处，每盈路可谓大钱粮矣。"当时，普洱府辖区各个茶区，茶商和工匠大量拥入茶山，事端不断。为杜绝衅端（闹事），政府加强对茶叶及茶山的管制，禁止私人买卖茶叶，茶叶必须通过"茶局""总茶站"进行收购和加工销售。茶商购茶实行"茶引"，茶山有官兵把守。《世宗宪皇帝实录》卷五十九雍正五年兵部议复云贵广西总督鄂尔泰上疏："茶山设千总一员，带兵二百名，防守者乐。"当时清朝政府在普洱西萨（傣语为十三，此为第十三个土司驻地），设西萨外委和西萨顶塘（千总），并驻有清兵，管理困鹿山茶园。即便如此，古普洱府茶区还是有商民私自采贩和官员贩茶图利的现象发生。在这种情形下，雍正十三年十月，兵部议准云贵总督君继善的奏疏："边地界连外域，山深箐密，蠢顽聚处……一、普洱府向系土城，应行改建石城。其思茅、镇沅二城，亦应修葺，并于思城添设炮台。二、思茅、茶山责成文武，互相稽查，严禁官员贩茶图利，以及兵役入山滋扰。"

乾隆年间，清朝政府对普洱府茶业情况进行调查后，将六大茶山所产的普洱茶正式列入朝廷贡茶，此后普洱茶作为贡品，年缴贡茶660担，贡后余下的方允许民间私商进行交易。《大清高宗纯皇帝实录》卷一千零三十四载："乾隆四十三年六月……至思茅以外，惟龙江为锁阴地，有烟瘴。刀士宛已复土职，责令专司查缉，又倚邦、茶山一带商民采贩之所，严饬思茅同知，加意查覆。"明朝就有律例，对普洱的茶叶实行管制。明《万历云南通志》卷十六载："在普洱设官经理茶贸，茶由此集散，所以称普洱茶。"《明史·食货志》载："律例私茶出境与关隘失察者，并凌迟处死。"这与明太祖朱元璋延堂宋代"以茶治边，以制茂狄"的政策有关。据说朱元璋称帝后，其女婿奉命出使西域时，曾携带一批私茶赴任，企图牟取暴利，其中包括数十个"人头茶"在内。明太祖闻讯大怒，曰："尔头不及茶头也！"遂下令赐死。普洱的困鹿山，有生产"人头茶"的悠久历史，该地的秤杆梁子有一石碑桩，据说是古代砍头的刑场。当时是否要被砍头，是按私贩人头茶的重量来衡量的。普洱府知府终世荫、总兵李宗应赴茶山以"征粮"搜刮甚巨，引起茶山起义后，总兵李宗应被革职，知府终世荫被处死刑。

据《中国少数民族社会历史调查资料丛刊》的记述，光绪年间，思茅城加工茶叶较有名的是同仁利、恒盛公、裕泰丰、信和仁等商号。每户茶号一般有制茶灶两盘，每盘灶年加工茶叶至少在五百担，多时高达千余担。

同治以后，随着清政府的衰败和普洱府所在地宁洱的几次动乱，清政府放松了对茶业管制，茶业向边疆转移。光绪年间，刘姓汉族商人以"包买主"的形式，在易武正式建立"同庆号"茶庄，并把孙女嫁给傣族土司。民国十七年（1928年），土司死后，"同庆号"占据土司原有的土地、茶山，变为"山主"。光绪时期的"易武""磨黑绅老""安乐""车顺"等茶庄相继开业。清朝宣统（1909年）年间，另一汉族商人张阶堂在勐海开设"恒春号"茶庄。辛亥革命以后，很多汉族商人在西双版纳，特别是在勐海地区成立制茶的商号，其增长速度犹如雨后春笋，茶业呈现一片欣欣向荣之景。同时，也有傣族自己建立的商号，如"利利"茶庄。

三、民国时期

民国时期普洱茶产销极其兴盛，逐步走向有序化。

1897 年 1 月 2 日，法国在思茅设立海关。1902 年 5 月 8 日，英国在思茅设立海关。海关统计，从 1912 年到 1923 年，经由思茅海关出口的普洱茶，价值白银 110 210 两。

滇越铁路、缅甸仰（光）曼（德勒）铁路及其他现代交通线修通后，普洱茶的外销有了更多、更便捷的通道。

（1）对滇越铁路的利用。自昆明由火车运抵海防转口；普洱—墨江—元江—石屏（或迤萨，今红河）—蒙自；由江城运抵越南老街等地，装火车运至海防转口。

（2）对缅、印交通的利用。由佛海至缅甸景栋，换汽车运至瑞仰或海和，然后装火车运往仰光，到达加尔各答后再用火车运到印藏边境的噶伦堡，由马帮驮运进藏。顺宁茶则用马帮由腾冲转缅甸腊戍装火车运往仰光。这条线虽然路途遥远，但因借助了现代交通运输工具，反而比传统的经丽江、阿墩子进藏的路线要节时省力，且没有大雪封山之忧，因此，在战争之前走这条线的人也比较多。

辛亥革命以后，在西双版纳一带，特别是在勐海，从事制茶的汉族商号如雨后春笋般相继开业，其中也有部分傣族商人建立起的茶庄。

民国二年（1913 年）实行裁府留道，普洱府被撤销。民国三年（1914 年），将迤南道（驻普洱）改为普洱道，辖宁洱、思茅、墨江、元江、新平、景东、景谷、澜沧、缅宁等 10 个县及思普沿边行政区（车里）。这一时期普洱茶厂及产茶业在各地的发展，尤其是易武、勐海地区的发展开始兴盛。普洱府驻地宁洱（今普洱），在同治以后因动乱和天灾，致使茶园被毁，根本谈不上茶的生产。

民国八年（1919 年），思茅鼠疫渐猖，茶商渐撤，思茅的茶业呈瘫痪状态。其他未受影响的地区，普洱茶业则相继兴起并繁荣起来，如景东的老巷茶、寿眉茶，墨江的景星茶，景谷的沱茶和砖茶。清末时形成商号的易武、勐海茶产业发展更是兴旺发达，并持续至民国二十六年（1937年）。此外，易武除清末"同庆号"的几家茶庄外，迅速发展起来的茶庄有34家，年加工茶叶量达6 900担。此后因法国重新封锁老挝、越南边界，南下茶路被堵塞，致使茶商关门，易武茶业走向萧条。这一时期普洱茶在易武的商业资本运作具有其独有特点，1956～1958年的《中国少数民族社会历史调查资料丛刊》曾引时年80多岁的易武"胡子王"的口述："光绪时，来易武帮工的人老实，一帮一帮地来，一个人一个月的工资只是四五钱银子。民国时期，全易武青壮年都帮号家[①]，一年苦到头，只能维持最低生活，每年结账时，总要欠着号家一点，使你不得不继续为他干活。"因此，商号的利润是巨大的。以1935年的情况为例，当时一担茶30筒，每筒4斤4两，号家向农民买散茶是以5斤一筒计算的。

宣统年间，张堂阶在勐海设立了第一家茶号，并从思茅请来了汉族揉茶师，开始揉制紧茶。成品由勐海出口，经景栋、仰光、加尔各答、噶伦堡进入西藏。此后，包括傣族和其他民族在内的大批揉茶技工，在汉族师傅的指导下逐渐成长起来。到了民国时期，勐海地区揉制茶叶的商号也如雨后春笋般纷纷出现。以下列举《中国少数民族社会历史调查资料丛刊》刊载的例子，加以说明。

1909～1910年，张堂阶设立了"恒春"号，初为一盘灶[②]，后发展为二盘。

1924年，以大资本家董耀庭为后台的"洪记茶庄"开业，初为二盘灶，后发展四盘，最后增至六盘。

1927年开业的有周文卿的"可以兴茶庄"，一盘灶；以腾冲商家张静波为后台的"恒盛公"号，二盘灶，后发展至三盘。

1928～1929年又有几个茶庄开业：土司组织的"新民茶庄"，二盘灶；以傣族军荣邦为首，多人合股组成的"利利茶庄"，二盘灶；王确实负责的"时利和"，二盘灶。

1930～1931年开业的有李云生开设的"天生祥"，二盘灶；麦植三开设的"大同茶庄"，二盘灶；李拂一开设的"佛兴茶庄"，二盘灶。

---

① 号家通常指的是私人商号或茶庄，这些商号或茶庄专门经营茶叶业务，并以特定的"号"作为标识或品牌。
② 盘灶是指揉茶炒茶的器具，这里是指茶庄炒茶的规模。

1931 年起相继开业的有：蔡水，一盘灶；张继安，二盘灶；马鼎成，二盘灶；桂老板，二盘灶；纳成进，二盘灶；刘献臣，一盘灶；徐土洪，二盘灶。到 1937 年，勐海坝子已有约四十盘灶。

1937 ～ 1938 年，勐海茶叶产量达到最高，平均年产量 43 000 担。抗日战争时期，销路闭塞，资金周期受到影响。1939 年，尚产 40 000 担，自 1940 年起，产量逐年下降，到 1949 年，年产量只有 2500 担。

民国时期，勐海、普洱茶商业资本的利润特点是：揉制紧茶的原料是散茶中的"三搭货茶"，即梭边三成，二盖与底茶七成。以 1939 年为例，茶叶每担市价 10 元半开，这是号家的收购价；但实际上，号家的茶绝大部分是通过买青的方式买进的。放出茶与收茶之间相距五六个月，即茶农在 3 月收款，8 月交货，或者 5 月收款，10 月交货。买青的价格一般只是市价的 50%，即 5 元一担。

号家收购茶叶（包括买青）是通过当地政府进行的，他们在商会商议，规定出统一价格，并分配各号家收购地点。如"可以兴""洪记""天生祥"等茶庄到勐宋收购；"恒盛公"到曼方村收购；南糯山则各家都可以收购等。地点确定后，各号家分别到各自分得的地点，请当地头人"老叭"[①]吃饭，送一些盐巴、粉丝、毡帽等做礼物，把规定的价格告诉老叭，由老叭代为收购。茶农把茶卖给老叭，号家再找老叭取运。当然，老叭并不是白尽义务。"老叭得吃才会帮号家买。"傣族罕荣先说，"老叭帮号家买茶，除收礼物外，每收一驮茶就获得 5 角半开的利润。"曾经当过号家"赶马锅头"的商应冒说他当年为号家驮茶时，茶农告诉他，有一年号家给曼贺老叭的收购价是 4 元一担，而老叭只给茶农 3 元一担，有一户茶农送的茶叶品位低，老叭不收，还叫茶农退还买青时预付的两担茶价 6 元。由此可见，号家垄断了茶叶收购的权利，因而勐海市场上没有茶叶的自由买卖。内地来的小商贩要买一点茶叶，须到村寨去秘密进行，一旦被号家发觉，即以"违法"论，茶叶被没收。

号家收购茶叶，有专用的大秤，100 秤为市秤的 110 ～ 120 斤，多出的 10 ～ 20 斤用以抵偿茶叶揉制过程中的损耗。茶叶收进后，即雇工揉制加工。

---

① 这里指的是当地茶农对茶叶经纪人的统称。

能制茶8担的一盘灶约需14名工人，其中包括揉茶师4人，拣茶工4人，剁茶工、称秤工、包装工各1人，以及其他辅助工，如扫箩叶的、裱筐的、打杂的等。工人的工资为：揉茶师每揉茶一担1.10元；拣茶工每人每日0.30元；剁茶工、称秤工、打杂的每人每月12元。伙食由号家供给。揉制一担茶支付的全部工资为3.33元。这样，在勐海揉制一担紧茶的成本为：10元（收购价）+3.33元（工资）+2.40元（包括材料折旧费）=15.73元。

茶制成后，雇景东、景谷等地的马帮运至景栋（缅甸境内）出售。每担茶的运费为11.60元。这样，在景栋出售的茶叶每担成本计算为：15.73元（生产成本）+11.60元（运输费）=27.33元。在景栋每担茶的实际售价120元，工商业资本在一担茶自生产到交换的过程中的纯利为92.67元，利润率达339%，即每1元资本，经过收购茶叶、揉制加工到运抵景栋，已变成4.39元，其纯利润是3.39元。

在当时，从茶农手里收购的茶叶的价格比率与外汇入超比率的情况，有如下几种。细茶过去最高每斤为4 000元（旧币1 000元约等于今日通行的1元，下同），最低每斤1 250元。当时最高每斤2 000元，最低每斤1 200元。中茶最高每斤700元，最低每斤500元。所以细茶每百斤约180 000元，中茶每百斤约150 000元，粗茶每百斤约30 000元。

抗日战争初期，佛海普洱茶的销售畅销无阻。国外主要销往缅甸、印度、泰国、中国香港一带；内地则主要销往云南、贵州、西藏等地。日军南进时，战争侵袭到佛海一带，国外交通受阻，内地交通不便，普洱茶产销情况大不如前。其后，紧茶主要被销往西藏，大部分须经缅甸、印度转道而入。圆茶经缅甸、泰国，后以仰光、曼谷两地为集散地，销往南洋、中国香港；北至土耳其。1940年，日军切断滇越铁路；1942年，又切断了滇缅公路，向南、向西、向东的交通中断，普洱茶外销通道严重受阻，销路中断导致茶叶滞销，茶农逐渐放弃对茶园的管理，不再整枝刈草，任其荒芜。

抗日战争时期外省人大量进入普洱，不少人从事商业，普洱商业又有了新的发展。当时，主要有南、北两条商旅路线。北路即由普洱直通昆明，主要输出茶叶、食盐及中草药材等；输入布匹、香烟、瓶酒、罐头等日用品，称为"省货"。南路由普洱输出食盐、银饰等，经思茅、车里至佛海销售，后又转运茶叶至缅甸；输入象牙、煤油、洋靛、棉花、绵纱、布匹、西药、鹿茸、虎骨等杂货，称为"坝子货"。此外，还有西北路经景谷、镇沅、景东等"后路地"至大理和西藏，输出茶叶、绵花等；输入菜油、白糖、冰糖、面粉、乳扇、核桃、干柿饼等，称为"后路货"。东北路由普洱经墨江、元江至石屏，输出食盐；输入豆腐皮、豆腐干、松子等，称为"石屏货"。东南路经江城出越南莱州至海防，输出紫胶、樟脑（冰片）、茶叶等；输入工业品、生猪、牛、粮食。西南路经思茅、六顺至澜沧，输出食盐、土布、银饰、黄烟；输入绵花等。此时的普洱茶不仅行销四川、西藏、湖南、湖北等省区，而且远销中国港澳地区、缅甸、越南、泰国、印度尼西亚、日本乃至欧洲，尤其在日本和西欧最负盛名，普洱也成为滇南重镇和商业活动中心。

1937 年，勐海的茶叶收购总额为 48 000 担，茶商通过茶叶一项所获纯利润即达半开 444.82 万元，仅"洪记茶庄"一家制茶 8 000 多驮，合 9 600 担，所获纯利为半开 88.96 万元。

下举"洪记茶庄"（5 盘灶用 109 个工人）的具体情况略作说明。

揉茶师 24 人，季节工，为青壮年

称秤 6 人，季节工，为青壮年

打灶杂 6 人，季节工，为青壮年

打闲杂 3 人，季节工，为青壮年

剁茶 3 人，季节工，为青壮年

包茶 3 人，季节工，老人、妇女

装茶 2 人，季节工，老人、妇女

扫笋叶 3 人，季节工，老人、妇女

拣茶 30 人，季节工，老人

挑水煮饭 4 人，其中季节工 2 人，长工 1 人，妇女 1 人

堆茶堆柴 5 人，长工，青壮年

买零茶管账 4 人，长工，青老年各半

赶马 5 人，长工，青年

炒豆、捏酱等 7 人，临时工，妇女、青年

妇女 2 人，长工

帮老板擦烟具 2 人，长工，壮年、老年

共计 109 人，其中长工仅 16 人，占雇工总数约 14.5%，季节工（约受雇六个月）87 人，占约 80%，零工 7 人，占约 6.5%。

当时勐海各茶庄加在一起共 40 盘灶，其中 13 盘灶揉制圆茶，27 盘灶揉制紧茶。前者每盘灶需用劳动力 15 个，分别是拣茶 7 人，称茶 1 人，打灶杂 1 人，打闲杂与煮饭 1 人，揉茶 4 人，扫笋叶及包装 1 人，共需 195 人；后者每盘灶需用劳动力 13 人，分别是拣茶 4 人，称茶 1 人，打灶杂 1 人，打闲杂及煮饭 1 人，剁茶 1 人，揉茶 4 人，扫笋叶及包装 1 人，共需 351 人；共用劳动力合计 546 人。

1938 年，商业资本家在勐海开设了机蒸制茶厂。一为思普茶厂，设厂于车里县（今景洪）勐海南糯山，距车里 80 里，距佛海（今勐海）40 里，分茶园与制茶厂两部分，年产红茶 60 余担。1946 年后，因业务不振，又屡遭反动残匪劫掠，不法之徒盗窃，机件损失大半，从而被迫停业；二为佛海茶厂，开始建佛海茶厂是在 1938 年，中茶公司与云南省政府合资设立云南中茶公司于昆明。滇方代表为云南富滇新银行行长缪震台先生，中茶公司则委托郑鹤春为经理。初步拟定在顺宁（今凤庆）、佛海（今勐海）及宜良三地设立实验茶厂，推广机械制茶。1939 年，范和钧先生同张石城先生由昆明取道滇缅公路，进入缅甸经景栋，绕道进西双版纳抵达佛海。经过半年的考察，两人带着考察资料取道思普返回昆明。考察报告经中茶公司董事会审定，做出创办佛海实验茶厂的决定，并委托范和钧先生担任厂长。茶厂开办费定为 5 万元，另筹资金 50 万元，成立佛海服务社。茶厂所需营运资金悉数由服务社提供，不另行投资。云南省政府为在佛海地区推行使用法币，委托华侨梁宇皋先生为佛海县县长，协助开展厂务。

范和钧先生的回忆录记载："1940 年春，正式开始建厂。我首先飞往重庆，请求中茶总公司调用原恩施茶厂初制茶工 25 人，江西精制茶工 20 人。另请滇茶公司支援云南茶业技术人员训练见习学员 20 人，同时由宜良茶厂殷保良技师在宜良雇用竹篾木工 5 人，由殷保良带队。茶厂首批职工 90 余人，由宜良搭车到玉溪，然后雇用马帮经峨山、元江、墨江、普洱、思茅、车里等地，经长途跋涉后，安全到达佛海。重庆事毕，我即前往上海，聘请了电气工程师、医生及铁工五六人；为茶厂采购了各种机器设备、医药器材、防疟药品；又为佛海服务社在中国百货公司采购了大毛巾、纱头巾、毛毯、热水瓶、儿童玩具等日用百货，用木箱包装后海运曼谷，委托当地侨商曦美厚先生运送到缅甸景栋后转到佛海。我从上海返滇途中先抵曼谷，和旅泰侨商曦美厚先生接洽，采购了部分制茶机器，其中所购的拣梗机，在我国尚属首次进口。随后我又前往仰光，为茶厂采购水泥、钢筋等建厂需用的建筑材料。最后我才离开仰光搭车赴景栋，由旱路返抵佛海。"

佛海茶厂开始建厂的第二年，也就是 1941 年，太平洋战争爆发，日本侵略南洋，战火迫近缅、泰，佛海地区遭日机轰炸扫射。战事逼近，人心惶惶，社会动荡不安。昆明滇中茶公司电令茶厂职工全部撤退昆明。这时的茶厂正处于全面建设的后期阶段，全厂职工接到撤退的电令后，心情沉重，认为辜负了"实业抗日的雄心"，所以于心不甘，决定在撤退之前将茶厂建设完工。范和钧先生回忆当时的情景说："为表达我们对日本侵略绝不屈服的决心，全厂动员，上下一心，加班加点，赶装发电机器。一周后，机房供电，全厂灯火通明，显示我们终于完成了建厂的历史任务。同时，机声隆隆，奏出了我们撤离前的悲痛心情。翌日，全厂职工将刚刚安好的机械和一切原有的设备，一一拆卸装箱驮运到思茅，主要机器沿途寄存民间保管，全厂员工除本地人员留守护厂外，其余人员全部撤离。临别之际，大家欲哭无泪，相对无言。回想当初，大家本着抗战到底的决心，离乡背井，辗转流徙，来此瘴疠之乡，长年累月，为滇茶事业挥汗流血，这时撤离，怎不叫人心碎。每念及此，心潮起伏，不禁使我夜不能寐。"

当时，范和钧先生带领人马在生产原始、生活简单贫苦，社会环境、商业条件还很落后的佛海日夜加班赶工，费时两年终于将茶厂完全建妥。可在完工的第二天，为避战事，又将新厂拆掉。这在普洱茶史上已被记下了一笔。值得欣慰的是，佛海茶厂建厂同时，还搭建了临时厂房，成功制作了红茶和普洱的紧茶、圆茶。成功制作出的第一批"中茶牌"普洱茶，有"早期红印""早期绿印"等。云南中茶公司记载，1941 年，佛海实验茶厂的绿印茶销往印度 78 箱，销往缅甸 56 箱，销往泰国的普洱圆茶有 462 担，其余的被转运到我国香港地区。这批贮存在香港各茶楼的普洱茶品，成为现在我国台湾地区备受欢迎、争先抢购、作为典藏的普洱茶珍品。

四、中华人民共和国成立以后

　　1949 年 5 月，云南各县相继获得解放。经中共滇桂黔边区委员会批准，宁洱县城设立思普临时人民行政委员会。1950 年 4 月，奉云南省人民政府令，改其为云南省宁洱区人民行政专员公署。1955 年 5 月，将公署迁到思茅，对原设县进行了调整，辖宁洱（1951 年更名为普洱县）、思茅、墨江、六顺、景谷、镇沅、景东、车里（今景洪）、佛海（今勐海）、南峤（今勐海县内一行政区）、镇越（今勐腊）、江城、澜沧、宁江、沧源等 15 个县。中华人民共和国成立初期，易武、勐海的部分茶庄商号搬到越南、泰国以及中国香港等国家和地区，采用越南、缅甸、老挝、泰国等北部的茶叶作原料，生产加工的普洱茶品，习称"边境普洱"。

　　中华人民共和国成立以来，普洱茶区的普洱茶生产发展大体可分为四个阶段：20 世纪 50 年代为恢复阶段；20 世纪 60 ～ 70 年代为发展阶段；20 世纪 80 ～ 90 年代为以创建大面积茶叶基地为目的的发展阶段；进入 21 世纪以来，普洱茶的发展进入了崭新的阶段。

　　20 世纪 50 年代，思茅市普洱县地委和行署对普洱茶生产十分重视，提出"恢复老茶园，发展新茶园"的指示。其具体措施是：

　　（1）逐一对荒芜茶山、茶园进行整理。茶山荒芜后，多密生杂木（多系壳斗科常绿乔木），茶树生长被抑制，长势衰弱，甚易枯死，此类杂木亟须刈除，才能使茶树得以良好发育。对老龄茶树及有病害的茶树，亟须及时予以更新。在茶樟混作区域，酌情刈除一部分樟树。茶树整枝仅见于勐海的南糯山，其他地区则任其生长。鉴于这种情况，各县由建设科负责向茶农解说利弊，劝导实行中耕施肥。

　　（2）扩大种茶面积。普洱区尤其是车（今景洪）佛（今勐海）南（南峤）地区，土层深厚，雨量充沛，为种植茶树提供了良好的环境。这些地区生长的大叶种茶树品质优良，生产的茶叶曾有极繁荣的历史。该地区过去的森林极为茂盛，只因烧山成习，大好森林遭受破坏，从而呈现荒芜。这类地区面积广，适合栽植茶树。这些荒地种植茶树后，不仅茶叶可增产，也可防止水土流失。此外，种茶还可改善山区少数民族的生活。

（3）统一领导。对于茶叶的生产、运销，以及对茶农、茶庄的组织管理等，均由国营贸易机构配合有关部门，直接领导，避免盲目产销。

（4）发放茶叶贷款。茶农与茶庄均感资金缺乏，因此茶农无法整理旧茶山，更谈不上重新培植；茶庄也不能大量生产与运销，故发放茶叶贷款十分重要。

（5）茶叶成品予以分级。茶叶分级，随时予以抽查，以固定市场信用。由于紧茶在制作中品质良莠不齐，原料中老叶所占比偏大，且常有杂质掺杂其中，有时"发汗"不良，造成包心生霉，导致茶叶不能饮用。类似现象要予以检查并纠正。

（6）佛海茶厂归并于佛海试验茶厂（原思普茶厂，1951 年名为佛海试验茶厂）后，双方机件得到补充，进一步解决资源缺乏问题。因此，红茶年产从50 担提高到 2 000 担。在茶叶制作方面，除继续发展并改进紧茶制作技术外，将红茶的制造设备与技术传授给各私营茶庄，以便扩大红茶生产。佛海试验茶厂除在制作茶叶上加以试验改良，以便提高茶叶成品质量、产量外，还注意当地茶树品种的调查、培植与改良。

各县对这一时期的政策积极响应。茶区对茶园整枝刈草，修理荒芜的同时，各商号因积极恢复生产，勐海 12 家茶商合并成为一个茶叶厂。1950 年恢复生产的有车里的佛海主产地，包括勐海、勐混；南峤主产地，包括曼迈兑、景真；镇越主产地，包括易武、西双版纳；普洱主产地，包括困鹿山、新寨、官坟箐、五里坡、永胜；景东主产地，包括镇边、大山；江城主产地，包括惠民、嘉乐；墨江主产地：景星、思普各地 1950 年产量 9 296 担，到 1995 年，仅思普各县合计茶园面积已垦复到 41 697 亩，产量达 35 856 担。

1950 年，茶叶收购以车里南糯山为例，佛海试验茶厂在该地收购的鲜叶分三级，上等鲜叶每斤售价 400 元（旧币，以下都为旧币），中等鲜叶每斤售价 350 元，下等鲜叶每斤售价 250 元。按当地的阿卡人每人一天工作 6 小时，采中等鲜叶 12 斤计，月收入为 3 600 元，以当地每斤米价 200 元换算，一天每人可有 18 斤米的收入。较次的茶及老叶多由阿卡同胞自制为散茶，然后售给茶厂，以每人每天采 30 斤鲜叶计算，可得散茶 7.5 斤，以收购价每斤 600元计，一天可有 4 500 元的收入；因此，当地阿卡人生活较富裕。1951 年，佛海（勐海）不通公路，茶叶多靠人力驮运，当时按每担茶售价 100 万元计算，茶叶运至普洱，加运费为 12 万元，再运至下关，运费为 8 万元，合计每担茶至下关成本即达 42 万元。由此可知当时茶业的发展，对改善当地少数民族的生活，是有很大帮助的。所以当时地方经济的繁荣，多与茶山发展有密切联系。

内地交通有两条，一是向下关方向，二是向昆明方向，佛海至宁洱马脚 14 万元，宁洱至弥渡马脚 15 万元，弥渡到下关汽车 5 万元，下关至丽江马脚 9 万元，又宁洱至石屏马脚 20 万元。石屏至昆明火车（二等座）17 万元。

茶叶需要笋叶、蓝皮、篾子、揉工。①需要糯笋叶几万斤，产于车里南糯山，每百斤价格 4 万元，约总计要 4 000 万元，大笋叶 170 万片，产于勐阿、勐翁，每百片 1 500 元，总计需 2 500 万元。②需要蓝皮 3 万对，产于车里濮满族、曼牙坝傣族，每对 650 元，总计需 4 400 万元。③篾子 28 万根（每担需 110 根），产于曼勒，总计约 50 万元，藤篾子 30 多万根。此外还需要柴火用品，47 万元；包工工资需 370 万元；扫叶工 100 万元；揉茶叶师傅 4 人，每天共 4.5 万元；打杂工 3 人，每人一天 5 000 元，每天可以做出茶叶 8 担。这是产销量最低的时期。

20 世纪六七十年代，在复垦老茶园的基础上，进行了大规模的新茶园开垦。其间遭受三年困难时期和指导工作失误的影响，茶叶生产一度出现低落。进入 80 年代以后，出现了一批新型密植茶园、联办茶场、综合厂等规模经营的雏形。到 1979 年，思普全区茶园面积发展到 20.574 万亩，产量达 4.1 万担，仅外贸部门收购额就达 3.02 担。

勐海茶科所的茶树密植获得成功，当时每亩密植 3 000 ~ 5 000 棵，产量达亩产 100 ~ 200 千克。这一成绩得到思茅地区政府的高度重视，先后多次派出领导干部和茶业科技工作者参加勐海茶树密植现场会，全区许多地方以当时的生产大队为单位，从各小队抽调劳动力，办起了以茶叶为主的联办茶厂。景东县大队，从 21 个生产队抽调劳动力，实行统一规划、联合经营、集中连片的专业管理，开垦了近千亩密植、高产的新茶园。其后省市有关部门召开了现场经验交流会，并在全区推广经营。1965 年底，地委、行署动员组织机关干部、当地驻军、思茅地区的厂矿企业职工、学校师生等近万人，在洗马河畔的荒山上开辟新茶园，密植高产连片茶园近两千亩，给全区作出了示范。1970 年全区茶园面积发展到 10.38 万亩。

1974 年 11 月，由云南省茶叶公司牵头，在昆明茶厂等茶厂研制开发了普洱茶的人工渥堆速成发酵技术，成为现代人工快速发酵普洱茶诞生的里程碑，为普洱茶增添了一笔亮丽的色彩。

20 世纪七八十年代，工作重点转移到以经济建设为中心的轨道上。"开拓矮化、灌木密植、人工肥料、机械采收、叶薄光面、高度产量"成为新茶园基地建设的标准。过去"大樟树、乔木老树、肥芽原叶、人工采摘、低度产量"的老茶园，被矮化或废置。

普洱建成板山、白草地、大黑山、竹山、会连等 5 个 2 500 ～ 4 000 亩连片、密植、速生、高产的茶叶基地；江城开发了连片的 1.03 万亩生态茶园；思茅在倚象乡境内先后开发了 4 片 7 400 亩集中连片的具有 20 世纪 80 年代水平的速生密植丰产茶园；云南茶机试验基地开发了 5 500 亩高产新茶园；澜沧的惠民、富帮建设了 3 万多亩速生高产茶叶商品基地；西盟、勐连、景谷、景东、镇沅、墨江等县，在进行老茶园和低产茶园改造的同时，也新建了一批密植、速生、高产的茶叶基地。思茅全区在 20 世纪 80 年代的茶叶种植面积达 38.6 万亩，产量 6 856.2 吨。

在 1987 年法国国家级研讨会上，普洱茶的降血脂功效得到国际医学界的普遍认可。普洱茶开始销往欧洲、澳大利亚等地。名牌企业的普洱茶供不应求，多销往东南亚、欧洲、大洋洲以及中国的港澳台地区。普洱茶、滇红工夫茶、红碎茶、滇绿、春蕊、春芽、春尖等 40 多个规格的茶叶畅销国内外，精制茶出口创汇达 1 600 多万美元。

20 世纪 90 年代，随着人们对普洱茶保健功效的了解和原产地保护意识的增强，普洱茶的市场开始稳步升温。普洱茶历尽沧桑，告别凄风苦雨的困顿，走上了振兴的征途，向着新的目标迈进。到 2004 年底，全市茶叶种植面积 62.39 万亩，产量约 2.3 万吨，分布于 10 个县（区）的茶叶产区，其中普洱县 6.1 万亩，产量 1 128 吨；景谷县 4.6 万亩，产量 640 吨；景东县 9.8 万亩，产量 2 300 吨；江城县 5.1 万亩，产量 447 吨；镇沅县 3.5 万亩，产量 768 吨；西盟县 2.2 万亩，产量 300 吨；孟连县 4.1 万亩，产量 520 吨；墨江县 6.59 万亩，产量 1 519 吨；澜沧县 13 万亩，产量 4 000 吨；翠云区 7.4 万亩，产量 7 175 吨。

调查发现，思茅市（现普洱市）一区九县从事茶叶生产的初、精制茶叶加工企业106万人，其中初精合一的制茶企业20户，国有企业16户、集体企业70户、私营企业69户、中外合资企业2户，年生产加工能力为2.8万吨。其茶叶产品畅销北京、上海、天津、广东、广西、浙江、山东、山西、江苏、河南、福建、黑龙江、辽宁、青海、西藏、四川、甘肃、宁夏、内蒙古、香港、澳门等省市地区；并开始走向德国、波兰、英国、法国、俄罗斯、日本、韩国等国际市场。

1993年4月4日至10日，思茅市（现普洱市）举行了首届中国普洱茶叶节暨中国普洱茶国际学术研讨会和中国古茶树遗产保护研讨会，9个国家、地区及13个省市自治区的181名专家学者参加了"一节两会"。4月13日至16日，在西双版纳州景洪市举行了西双版纳国际茶王节，7个国家和地区及国内11个省市的茶界人士共195人出席。自1993年起，思茅市开始举办"中国普洱茶叶节"，至2023年已经举办了十三届。

20世纪末，一些港商在处理房产时，挖出了深藏在地窖里上百年的陈年普洱茶。这些陈香浓郁、醇滑回甘、琥珀汤色的普洱茶被台商得到后，欣喜若狂，掀起了一波又一波的普洱茶热潮。沉睡了三千多年的普洱茶开始逐渐升温。

五、21世纪

2000年以前，云南没有一个专业的茶叶批发市场。2000年8月8日，云南省茶叶批发市场在昆明市金实小区南门建成，2002年4月和10月，又相继在金实小区南门建起了二期云南茶叶交易市场和二期雄达茶城。2004年，在昆明南的官南大道和老海塘路旁，相继建起了康乐茶叶交易中心和前卫茶叶市场。2005年，在昆明东站的菊花村，建起了菊花园茶叶市场。2006年初，在昆明西部建起了西苑茶城。

2002年6月，中国国际茶文化研究会、西双版纳州人民政府和云南省茶叶协会在西双版纳州景洪市举办了"2002中国普洱茶国际学术研讨会"。

2002年11月，广州举办了"2002广州茶博览交易会第二届（秋季）优质茶评比大赛"。

2003年5月8日，中国茶叶流通协会以中茶协字〔2003〕68号文件批复，命名思茅市（现普洱市）为中国茶城。

2004年11月，昆明举行了"云南普洱茶国际研讨会"。

2005年3月27日至30日，西双版纳州中国科学院西双版纳热带植物园举行了"纪念孔明兴茶1780周年暨中国云南普洱茶古茶山国际学术研讨会"，推动了普洱茶文化活动的开展。

2005年5月1日，一支来自云南贡山、腾冲和施甸等地11个少数民族的68个赶马人组成的赶马队，赶着120匹骡马组成现代马帮，重走了茶马古道，打破了茶马古道半个多世纪的沉寂。

2005年11月10日，"滇普大益天下，马帮西藏行"活动在西双版纳州勐海县拉开帷幕。这支由99匹马及13名女子马锅头①组成的马帮，沿滇藏茶马古道挺进西藏。

2005年11月，历时6年申请的"普洱茶"地理标志证明商标，由国家市场监督管理总局正式命名授予，"普洱茶品牌"和"普洱茶知识产权"得到法律保障。

2006年3月16日，"普洱茶文化研究会"在普洱成立，为全面深入、系统地研究普洱茶文化，弘扬普洱茶文化精神，推进普洱茶产业的发展，提供了一个良好平台。

2006年4月8日，由云南省文化和旅游厅、云南省交通厅、云南省茶马古道研究会及有关专家认定的"茶之源、道之始"的茶马古道零公里纪念碑，在普洱茶源广场落成。

2006年4月9日，"云南普洱茶叶协会"在普洱成立，为推动普洱茶产业科学、规范、快速地发展，为"做强、做大、做优"普洱茶，促进云南经济社会发展建立了一个崭新的平台。

2006年4月16日，西双版纳州政府组织的"马帮贡茶万里行"活动从勐腊县易武出发，99匹马经东南沿海地区直至北京。这一波普洱茶文化热的兴起，使普洱茶热在全国迅速升温。

2006年12月10日，为了进一步推广普洱茶文化，普洱市政府联合各大茶叶企业成功举办了首届"普洱茶文化节"。该文化节吸引了来自全国各地的

---

① 马锅头是茶马古道上马帮的首领，负责领导整个马帮进行贸易活动。

茶叶爱好者、专家学者和商家，通过茶艺表演、品茶大赛、茶文化论坛等活动，大大提升了普洱茶的知名度和影响力。

2007 年，普洱茶迎来了复兴之后的第一次小高峰，市场发现了普洱茶的金融投资属性，不仅老茶，就连新茶，尤其是明星产品，也能够在不断转手交易中获取可观的差价，所以价格在不断推高的过程中终于超出了市场的承接能力，导致了价格跳水。

到了 2008 年，普洱茶终于拥有了属于自己的"国家标准"——《GB/T 22111—2008 地理标志产品普洱茶》，为普洱茶各个方面进行了科学的界定，尤其是限定了普洱茶的原料为云南特定产区的云南大叶种茶树，按特定加工工艺生产。"国标"的出台，可谓是给整个普洱茶行业以及消费者重新建构了普洱茶的认知体系，尽管其中个别内容还有争议，但是出台至今十多年，已经基本形成了行业共识。

2011 年，普洱市在国家"十二五"规划建设的强力助推下，重点打造中国、缅甸、越南、老挝东盟贸易区。重点建设两个国家级通商口岸，重点建设东盟三国贸易城大型贸易地带。普洱市在地理位置上具有天然的贸易优势，中国开放了普洱市作为通商口岸后，普洱市边境贸易的优势体现了出来，边境旅游，茶贸易也为普洱市带来了巨大的贸易空间。在国家"以邻为伴，以邻为善"贸易方针的指引下，普洱市加强与相邻三国贸易优势互补与交流的多方位沟通，是中国与东南亚各国贸易交流的又一重点城市。普洱市在贸易政策上也得到了国家的巨大支持，在普洱的三国贸易城由东南亚三国的开发商参与建设，建成了真正的"中国—东盟"贸易居住为一体的贸易地带。

2012 年，云南省成功举办了"第七届中国云南普洱国际博览交易会"；组织参加了"2012 中国（广州）国际茶业博览会""2012 中国太原国际茶业博览会""2012 中国西安茶博会""香港美食节博览会""第二届亚欧博览会（新疆）""第二十届中国昆明进出口商品交易会"等专业展会和综合展会，取得了显著成效。据不完全统计，全省有 500 多家（次）茶企、3 000 余人次参加了各类茶展促销。普洱市在"2012 北京国际茶业展·2012 北京马连道国际茶文化节·第十二届中国普洱茶节"（简称一会两节）中承办了"高端品茗暨普洱养生体验交流活动"，取得了良好效果。

2015 年 7 月 9 日，"百年世博中国名茶国际评鉴会揭晓新闻发布会"在北京举行。"云南普洱茶"荣获百年世博中国名茶金奖，茶马司、陈升号、澜沧江、龙润、南涧凤凰、易武、葳盛等茶企品牌入选"百年世博中国名茶金骆驼奖"，并全程参与米兰世博会中国馆"中国茶文化周"活动。

2023 年 10 月 13 日，第十五届中国云南普洱茶国际博览交易会在昆明举行，展会以"绿色云茶·天下普洱"为主题，现场 1 600 个展位汇聚云南"十大名茶"、8 个州市名企名品和全茶产业配套，展品囊括普洱茶、红茶、绿茶等，以及茶具茶器、工艺品、茶食品等茶产业链衍生的上万类茶产品。

普洱茶销售全面推进。除畅销法国、日本、新加坡、马来西亚、泰国、韩国、俄罗斯外，欧洲市场也在不断扩大。

普洱茶不仅是商品，更包含丰富的茶文化，写就的不仅是一段历史，更是一种不屈不挠的民族精神。茶马古道起点碑立于普洱，更是对普洱茶和普洱茶区人民历史功绩的高度赞扬。

第二节　茶马古道与普洱茶

说起普洱茶，我们不得不提起茶马古道。"茶马古道"起源于古代的"茶马互市"，它既是文明传播的古道，也是商品交换的渠道；既是中外交流的通道，又是民族融合的走廊；既是佛教东渐之路，又是旅游探险之途。可以说它是世界上历史最悠久、地势最高、形态最为复杂的古商道。

一、茶马古道的由来

茶马古道是伴随着茶叶的生产、运输、销售而形成的。光绪年间的《普洱府志》记载，普洱茶早在唐代就已行销西蕃。茶马古道主要是指从唐朝以来，由内地运输茶叶到西藏拉萨和京城贡茶的通道。由于茶叶是以食肉为主的藏民生活的必需品之一，而在 1949 年前的漫长的历史时期内，云南产茶区到西藏拉萨并没有可供运输茶叶的公路、铁路，只能靠骡马驮运，于是便形成了历史上著名的茶马古道。

还有一种说法是说"茶马古道是连接川滇藏，延伸至不丹、斯里兰卡、尼泊尔、印度境内，直到抵达西亚、西非红海岸的古代贸易通道"，积淀着唐代以来2 000多年的历史。

无论哪种说法，都证明茶马古道的历史是悠久的，这一点毋庸置疑。茶马古道把云南普洱茶产区和西藏等普洱茶销区紧密地联系在一起，形成了一条云南普洱茶输出的主要历史通道。

南宋李石所著《续博物志》记载："西藩之用普茶，已自唐时。"说明从唐朝开始，云南就与西藏有茶叶贸易了。明洪武十六年（1383年）在永宁设茶马互市，以普洱茶区之茶叶换取西藏藏民之马匹。清顺治十八年（1661年），在云南北胜州（今永胜）设置了茶马交易市场，当年入藏的普洱茶就达三万多担。从清康熙到同治年间历时约200年，一直与西藏保持着稳定的贸易往来。清光绪十五年（1889年）设立蒙自关，普洱茶有了沿红河和后来的滇越铁路经越南外销的通道。

1945年以后，又开拓出新的茶叶运输道路，云南到缅甸的滇缅公路通车，先是马帮驮运变为马车运输，后又由汽车取代了马车，普洱茶可借助汽车运输进入缅甸、印度，然后再转运到西藏，还可以由勐海先运到缅甸，再通过铁路或水路运至西藏。

从1957年起，销往西藏的茶叶由公路和铁路联运到达甘肃的武威车站，至此，现代化的公路或铁路已取代了马道，昔日的马道不是被公路铁路所占用，就是在漫长岁月的日晒雨淋下消失在了草丛之中，茶马古道的历史使命方告结束，彻底退出了运茶舞台。

二、茶马古道之线路

自明清以来到中华人民共和国成立，以思茅、普洱为中心，向国内外辐射出五条"茶马古道"。

（一）官马大道

由普洱经内地一些地区中转至昆明，这是茶马古道中最重要的一条，普洱贡茶就从这条路由骡马运到昆明。许多老字号茶庄的普洱茶，由普洱经思茅，过车里（景洪）、佛海（勐海）至打洛，而后至缅甸景栋，然后再转运至泰国、新加坡、马来西亚和中国香港等地。

（二）关藏茶马大道

普洱茶从普洱经思茅、下关、丽江、中甸（今香格里拉）运入西藏拉萨市，再由拉萨中转至尼泊尔等国，当时的主力为藏族同胞的大马帮。

（三）江莱茶马大道

普洱茶从普洱通过江城，运入越南莱州，然后再转运到河内和欧洲等地。

（四）旱季茶马大道

从普洱经思茅渡过澜沧江，然后到孟连出缅甸。

（五）勐腊茶马大道

从普洱县运过勐腊，然后再销往老挝北部各地区。

在今天的云南省普洱县境内，仍保留有三处比较完整的茶马古道遗址。

一是位于凤阳乡宁洱镇民主村的"茶庵塘茶马古道"遗址，长度大约为 2 千米的在一片半原始森林中盘山而上的山石古道。山石古道上依然清晰可见的马蹄印迹，向人们诉说着昔日"以茶易马"的艰险。拾古道而上，真有"径仄愁回马，峰危畏入云"的感慨，同时也记述了往日"茶马古道"的繁荣。

二是位于磨黑镇孔雀坪的"孔雀坪古道"遗址，长度约为 10 千米，路两边有林立的马店，茶道上有深印的马蹄印，石板上有嫩绿的苔藓以及长年累月被马帮踏出的一个接一个的坑凹，仿佛让人回到茶风犹存、古道飘香的过去。

三是位于同心乡那柯里村的"旱季茶马大道"遗址。

茶马古道是世界上通行路程最长的古代商业道路，总行程在万里以上。自古以来，就很少有人能够走完全程。茶马古道不愧为东西方文化交流的大动脉，是古代云南地区的居民渴望生存、渴望发展、渴望走出封闭而踏出的曲折的道路。

三、普洱茶的行销

　　"茶马古道"使普洱茶行销国内各省区，中国古典名著《红楼梦》第六十三回"寿怡红群芳开夜宴，死金丹独艳理亲丧"中，就有大观园里的贾宝玉喝普洱女儿茶的描述。今天，"普洱茶"已被世界人民所认知、接受和喜爱。

　　普洱茶远销新加坡、马来西亚、缅甸、泰国、法国、英国、朝鲜、日本等国家，在世界上享有盛名。16 世纪，茶叶传入欧洲，饮茶之风风行整个欧洲，中国的茶叶出口至国外各地。世界文豪托尔斯泰所著《战争与和平》中就有关于喝中国普洱茶的细致描写。

　　茶马古道成为云南等地联系西藏的桥梁，加强了汉族与各民族之间的商贸往来和文化交流，满足了藏区居民对茶叶的需要，加强了民族团结。茶马古道的开通运行，不但开发了古道两旁的自然资源，也形成了诸多惊险的世界级精品旅游线路，对促进云南、西藏、四川等省区的社会经济文化和生态的协调发展，具有十分重要的现实意义。

　　茶马古道在抗日战争中，为运送后勤生活物资提供了便利，成了一条陆地的生命线，为抗日战争取得胜利作出了重大贡献。在茶马古道上，马帮们不畏艰险、勇往直前的精神，永远激励着我们迎难而进。今天，随着现代交通的高速发展，山间铃声及古道遗迹在逐渐消失，但其孕育出的普洱茶却享誉世界，茶马古道精神将永放光芒！

第三章　　普洱茶新四大茶区

　　普洱茶，这款源自中国云南的神奇饮品，自古以来就深受人们的喜爱。在古代普洱茶被视为一种珍贵的礼品，只有皇室贵族才能品尝到。随着时间的推移，普洱茶逐渐传播到全国各地，成为人们日常生活中不可或缺的饮品。

　　在历史上，普洱茶的产区主要集中在澜沧江中下游流域。这片广袤的地区拥有得天独厚的自然条件，为普洱茶的生长提供了优越的环境。

　　随着时代的变迁，普洱茶产区的划分也越来越精细。从古六大茶山到新兴的小产区，每个地区都有其独特的风格和特色。这种精细的划分不仅有助于提高普洱茶的品质和口感，还为人们提供了更多的选择。如今，普洱茶已经成为中国茶文化的重要组成部分，被誉为中国茶的瑰宝。

　　本书以目前茶业界和茶人比较认可的划分方式来介绍新四大普洱茶产区，并从茶区内挑选一些近几年有代表性、较热门的山头茶进行介绍。

第一节　　西双版纳茶区

　　西双版纳茶区是普洱茶的核心产区，很多知名普洱茶都来自西双版纳。

一、西双版纳茶区地理位置和环境气候

　　西双版纳位于云南的最南端，这片土地仿佛是自然的宠儿，得天独厚的气

候和地理条件赋予了它无与伦比的魅力。它位于北纬21°08'～22°36'、东经99°56'～101°50',恰好处在北回归线以南,这意味着它有着独特的热带雨林气候,阳光和雨露在这里交织出勃勃生机。

西双版纳的面积近25 000平方千米,国境线长达966千米。在这片广袤的土地上,有两个主要的茶区——勐腊茶区和勐海茶区,如图3-1和图3-2所示。

勐腊茶区所在地勐腊县位于云南省的最南端,东接老挝,西临缅甸,与泰国和越南也近在咫尺。这里海拔跨度大,从480米到2 023米不等,年平均气温在17.2℃左右,年平均降水量为1 500～1 900毫米。

图3-1 勐腊茶区   图3-2 勐海茶区

在茶区,有基诺族、傣族、哈尼族、拉祜族等民族居住,他们的饮食习惯以酸辣生腥为主,这种风味独特的饮食习惯也影响了茶叶的种植和加工方式。茶区内还有许多美丽的建筑,主要以傣式建筑为主,近年来,由于普洱茶价格不断上涨,茶农的收入大幅增加,因此几乎每个村寨都盖起了新式的楼房。

另一个主要的茶区是勐海茶区,其主要归属地勐海县位于云南省的西南部、西双版纳傣族自治州的西部,东接景洪市,东北接普洱市,西北与澜沧县毗邻,西和南与缅甸接壤。总面积5 511平方千米,其中山区面积占93.45%。县城勐海镇距离省会昆明776千米,距离州府景洪40千米。这里属于热带、亚热带西南季风气候,冬无严寒、夏无酷暑,年温差小,日温差大。按照海拔高低划分,这里可以分为北热带、南亚热带和中亚热带气候区。年平均气温为18.7℃,年均日照时间为2 088小时,年均降水量为1 341毫米。这里全年有霜期32天左右,雾多是勐海坝区的特点。

在历史上，西双版纳的茶区有着举足轻重的地位。如今，随着中国经济的发展和茶叶市场的不断扩大，西双版纳的茶区得到了更多的关注和发展机会。茶农们努力探索新的茶叶品种和种植方法，提高茶叶的品质和产量。同时，他们也注重保护生态环境和传承传统文化，确保茶叶的可持续发展。茶农们还不断探索新的茶叶加工技术，以提高茶叶的口感和香气。同时，随着科技的进步和市场的发展，茶叶的销售渠道也在不断拓宽，现在人们可以通过电商平台、线下茶叶专卖店以及各种社交媒体平台购买到西双版纳的茶叶。

西双版纳的茶区吸引了越来越多的游客前来参观和体验。游客们可以欣赏茶叶的种植、采摘、加工和品尝的全过程，了解茶叶的历史和文化，也可以领略到西双版纳独特的自然风光和民族文化，感受这片土地的神奇魅力。

随着人们对普洱茶的认知和喜爱程度的提高，西双版纳的茶区有望继续发展壮大，发挥其独特的优势和潜力，为中国茶叶产业的发展做出更大的贡献。

二、西双版纳茶区历史

西双版纳位于中国云南省的南部，是一个具有悠久历史和独特文化的地区。在历史上，西双版纳的行政归属经历了一系列的变迁。

在汉代，西双版纳属于哀牢部，这是当时的一个部落联盟。到了东汉时期，它被划归为鸠僚部。三国时期，蜀汉将其纳入永昌郡的管辖范围。东晋时期，西双版纳成为宁州郡的一部分。隋朝时，它属于濮部地。

从东晋结束到唐后期（420～902年），西双版纳逐渐形成了部落联盟，傣族称之为"湖西双邦"，意为傣湖十二部落。这个联盟号称勐湖国，其都城设在景德。唐朝为了更好地治理这一地区，设置了茫乃道，并将其归属于南诏的开南节度。

到了宋朝的绍兴三十年（1160年），傣族首领帕雅真完成了对各部的统一，建立了景陇王国，成为大理国的一个属国。元代时，西双版纳被设立为彻里路军民总管府，隶属于云南行中书省。到了明代，西双版纳成了车里军民宣慰使司，归属于云南布政使司。到了清代，西双版纳再次发生变化，成了车里宣慰使司，先是属于云南行省元江直隶州，后来又归属于普洱府。

随着历史的演变，西双版纳的地位和归属也经历了多次变革。然而，无论行政归属如何变化，西双版纳始终以其独特的地理位置、丰富的自然资源和多元的文化背景吸引着人们的关注。如今，这片神奇的土地已经成为一个热门的旅游目的地，吸引了来自世界各地的游客前来探访其丰富的历史和独特的文化。

1913年，普思沿边行政总局成立，负责管辖7个区分局和1个行政区。这个总局先后隶属于滇南道和酱洱道。1927年，开始设立车里、佛海、五福（南崎）、象明、普文、芦山（六顺）、镇越等7个县和临江行政区，统归普洱道管辖。1948年，西双版纳地区归属于第七区行政督察专员公署，其驻地在普洱。1950年，西双版纳地区归属于宁洱专区。1953年1月23日，西双版纳傣族自治区（现西双版纳傣族自治州）正式成立，自治区政府驻地在车里县的景洪市。在行政区划的调整中，原属于思茅专区的车里、镇越、佛海、南峤4个县，宁江县的勐阿、勐旺2个区，思茅县的普文区，以及江城县的整董乡等地都划入了西双版纳傣族自治区。1954年，西双版纳傣族自治区政府驻地的车里县景洪市正式更名为允景洪。在随后的行政调整中，撤销了原有的车里、镇越、佛海、南蟒4个县，并改设为版纳景洪、版纳勐海、版纳勐旺、版纳易武、版纳勐捧、版纳勐混、版纳勐遮、版纳勐养、版纳勐腊、版纳勐龙、版纳勐阿、版纳曼敦等12个版纳。此外，还设立了格朗和哈尼族自治区、易武瑶族自治区与布朗山区。

1957年，西双版纳傣族自治州正式成立，自治州人民委员会驻地设在允景洪市。这一决策标志着西双版纳地区在行政上的独立，为其未来的发展奠定了基础。自治州最初下辖5个版纳，分别是版纳景洪、版纳易武、版纳勐腊、版纳勐海和版纳勐遮。

随着时间的推移，为了更好地进行行政管理，各版纳逐渐改为县。到了1958年，版纳景洪、版纳易武、版纳勐腊、版纳勐海和版纳勐遮分别更名为景洪县、易武县、勐腊县、勐海县和勐遮县。然而，行政区域调整并未停止。1959年，易武县被撤销并入勐腊县，勐遮县被撤销并入勐海县。

1993年，景洪县被撤销，改为景洪市。此举进一步推动了西双版纳地区城市化进程。此后，西双版纳傣族自治州辖1个市、2个县。1997年，随着行政区域的再次调整，西双版纳的面积达到了 19 700 平方千米，人口为 81.8 万人，其中傣族人口占 35%。该地区下辖景洪市及勐海、勐腊 2 个县，州府则设在景洪市。

2004 年，西双版纳的部分乡镇行政区进行了调整。景洪市撤销了小街乡和景洪镇，并对部分乡镇的管辖区域进行重新划分。勐海县撤销了西定哈尼族乡和巴达哈尼族布朗族乡，合并后设立了西定哈尼族布朗族乡；勐腊县撤销了曼腊彝族瑶族乡和勐润哈尼族乡，对部分乡镇的管辖区域进行了重新划分。

经过历年的行政区划调整，西双版纳已经发展成一个繁荣的地区，拥有丰富的自然资源、独特的地理位置和多元的文化背景。

三、西双版纳茶区分类

西双版纳几乎全境产茶，景洪境内有古六大茶山之攸乐古茶山（现称基诺山）；景洪以东为勐腊茶区，是历史上有名的茶马古道源头，古六大茶山所在地；景洪以西为勐海茶区，是近年较热门的新六大茶山所在地（除景迈属普洱澜沧茶区外，其他五山均在勐海境内）。因澜沧江穿景洪而过，所以大家又习惯将古六大茶称为江内茶区，而将新六大茶山称为江外茶区。西双版纳茶区内主要的茶区有勐腊茶区和勐海茶区。

（一）勐腊茶区

"勐腊"这个名字在傣语中有着独特的含义。"勐"意为平坝或地区，而"腊"则表示"茶"。结合起来，就是"献茶水之地"。据说，当年释迦牟尼巡游到此地时，当地居民为他献上了丰富的茶水。由于供献的茶水过多，喝不完的茶水被倒进了河里，这条河因此被称为"南腊"，即"茶水河"。

勐腊境内主要产茶区集中在北部山区，历史上有名的古六大茶山除攸乐外，全在勐腊境内的易武乡和象明乡，主要茶山分布如下。

（1）易武正山茶山。包括曼秀、落水洞、麻黑、丁家寨、刮风寨等村寨。

（2）蛮砖茶山。包括曼庄、曼林、曼迁等村寨。

（3）革登茶山。包括新酒房、直蚌、新发等村寨。

（4）莽枝茶山。包括江西湾、秧林、董家寨、红土坡等村寨。

（5）倚邦茶山。曼松、曼昆、架布等村寨。

整个勐腊茶区内茶种较杂，有野生型古树、过渡型古树（变异紫径茶），但主要以大叶种茶为主，易武大叶茶相比勐海种大叶茶而言，叶片更大，更细长，不显毫，茶区内还特有当地称为柳条茶的小叶种茶，小叶种茶以曼松茶名气最大。

（二）勐海茶区

勐海茶区是西双版纳的一个重要产茶区，主要集中在勐海县境内。

勐海县可分为以下5个气候区。

（1）北热带。为低于海拔750米的打洛、勐板、布朗山的南桔河两岸河谷地区及勐往的勐往河和澜沧江两岸河谷地区。

（2）南亚热带暖夏暖冬区。海拔为750～1 000米的勐满、勐往坝区布朗山南桔河两岸。

（3）南亚热带暖夏凉冬区。海拔为1 000～1 200米的勐海、勐遮、勐混、勐阿（包括纳京、纳丙）、勐往的糯东。

（4）南亚热带凉夏暖冬区。海拔为1 200～1 500米的勐阿的贺建，勐往的坝散，勐宋的曼迈、曼方、曼金，格朗和的黑龙潭、南糯山，西定的曼马、南弄，巴达的新曼佤、曼皮、曼迈、章朗和勐冈全境。

（5）中亚热带区。海拔为1 500～2 000米的西定、巴达、格朗和、勐宋4个乡的大部分地区及勐满的东南至东北面。

勐海县境内居住着傣族、哈尼族、拉祜族、布朗族、汉族、彝族、回族、佤族、白族、苗族、壮族、景颇族等25个民族，其中傣族、哈尼族、拉祜族、布朗族是本地的四大主体民族，主要分布如下。

（1）北部。勐海勐宋、滑竹梁子、那卡、保塘。

（2）西部。南峤、巴达、章朗、曼糯、贺开。

（3）东部。帕沙、南糯（多依、半坡、南拉、姑娘、石头、拔玛）、曼迈、贺开（邦盆、广别、曼弄、广冈）。

（4）南部。景洪勐宋、布朗山（老班章、新班章、老曼娥、坝卡囡、坝卡竜、吉良）。

勐海茶区，位于中国云南省的西双版纳地区，是一个拥有丰富茶叶资源和独特茶文化的地区。这里以勐海大叶种茶为主，这种茶叶的品质优良，口感独特，深受茶友们的喜爱。

勐海大叶种茶，源自南糯山，是勐海茶区的代表性茶种。它的茶芽头肥硕，叶片肥厚，毫浓密，茶梗粗壮。这种茶叶在冲泡后，汤色金黄明亮，苦味较重但基本无涩感，青味也不明显。它的香气浓郁，回甘快且持久，存放一段时间后，茶叶的转化速度更快，口感更为醇厚。

除了勐海大叶种茶外，中小叶种茶也是勐海茶区的重要组成部分。中小叶种茶的芽头细嫩，叶片呈椭圆形，毫密，持嫩性好。这种茶叶的口感清爽，香气清新，回甘较快。

在勐海茶区，家家户户都有自采自制的传统。采摘茶叶的规范非常严格，通常以采摘标准二叶为主。早期的茶区内很少有大规模的初制加工所，但随着普洱茶市场的繁荣，很多实力雄厚的普洱茶生产厂家开始在茶区内承包合作或收购鲜叶加工。这些生产厂家的加入，使得勐海茶区的初制加工得到了极大的发展。

传统的晒青毛茶制作工艺在勐海茶区得到了很好的传承和发展。这种制作工艺包括鲜叶采摘、静置萎凋、中温杀青、搓揉和日晒等步骤。制成的干毛茶外形条索松紧适度，芽肥毫密，大小长短均匀。春茶时节的茶叶有较多的马蹄，毛茶油润光亮，黄片少、黑条少。新茶的汤色金黄明亮、苦味较重但基本无涩感。这种茶叶的叶底光鲜、富有韧性，存放一段时间后，茶叶的香气更好，汤质更浑厚，具有很强的味觉冲击力，回甘快且持久。

图 3-3 普洱茶区

第二节 普洱茶区

普洱市之前称为思茅，2007 年正式更名为普洱市。位于澜沧江东以北，普洱市是普洱茶最大的集散地之一，早在清朝雍正年间，普洱茶就被运往各地。普洱茶区，如图3-3所示。

一、普洱茶区地理位置和环境气候

普洱市，位于中国云南省的西南部，地处北纬22°02'～24°50'、东经99°09'～102°19'的地带。这个地区东与红河、玉溪相接，南与西双版纳相邻，西北与临沧相连，北靠大理、楚雄。其东南部与越南、老挝接壤，而西南部则与缅甸毗邻。普洱市的国境线长度约为486千米，其中与缅甸的接壤长度为303千米，与老挝的接壤长度为116千米，与越南的接壤长度为67千米。

普洱市的面积相当辽阔，总面积达到45 385平方千米，是云南省内面积最大的州（市）。其南北纵距为205千米，而东西横距北部为55千米、南部为299千米。市级机关设在思茅区的思茅镇，海拔为1 302米，从思茅镇到省会昆明的公路里程约为415千米，空中航线距离为305千米，乘坐飞机大约需要35分钟才能抵达。

普洱市是一个多民族聚居的地方，这里有布朗族、瑶族等不同的民族。这些民族的风俗习惯、文化传统和生活方式各具特色，形成了普洱市多元、多彩的民族风情。

由于受到亚热带季风气候的影响，普洱市的大部分地区常年没有霜冻，冬季并不严寒，夏季也不酷热。普洱市被誉为"绿海明珠"，是一个天然的氧吧。普洱市的海拔落差较大，从317米至3 370米不等，而中心城区的海拔则是1 302米。

普洱市的气候条件优越，年均气温保持在15～20.3℃，年无霜期长达315天以上。每年的降水量为1 100～2 780毫米。特别值得一提的是，这里的负氧离子含量非常高，达到了七级以上。负氧离子有助于清新空气和促进人体健康，因此普洱市是一个非常宜居的地方。

普洱市不仅有着得天独厚的自然条件和丰富的自然资源，还以其独特的文化和历史背景吸引了众多游客。在这里，人们可以欣赏到壮丽的自然风光，体验到多元的民族文化，品味到地道的普洱茶香，还能领略到这片土地深厚的历史底蕴。

二、茶区历史

1950 年设立宁洱专区，专署驻宁洱县。辖宁洱、思茅、六顺、车里、佛海、南峤、镇越（驻易武）、澜沧（驻募乃）、景谷（驻威远）、景东（驻锦屏）、镇沅（驻恩乐镇）、墨江（驻玖联镇）、江城（驻勐烈）、宁江（驻勐旺）、沧源（驻勐董）等 15 个县。1951 年，宁洱专区改称普洱专区，宁洱县改名普洱县。普洱专区辖 15 个县。1952 年，将沧源县划入缅宁专区，澜沧县迁驻勐朗坝，普洱专区辖 14 个县。1953 年，将车里、镇越、佛海、南峤 4 个县划归西双版纳傣族自治州。撤销六顺县，并入思茅县；撤销宁江县，将勐旺、安康两个区划归西双版纳傣族自治区；将雅口、新营盘两个区划归澜沧拉祜族自治区。1953 年 4 月 7 日，将澜沧县部分地区设立澜沧拉祜族自治区（驻募乃）。思茅专区辖 8 个县、1 个自治区。1954 年 5 月 18 日，江城县改设江城县哈尼族彝族自治区（驻勐烈）；同年 6 月 16 日，经国务院批准，澜沧县所辖孟连区、南卡区合设准县级孟连傣族拉祜族卡佤族自治区。思茅专区辖 7 个县、3 个自治区。1955 年，普洱专署迁驻思茅后改称思茅专区（驻复兴镇）。江城县哈尼族彝族自治区改为江城哈尼族彝族自治县；撤销澜沧县，并入澜沧拉祜族自治区。思茅专区辖 6 个县、1 个自治县、2 个自治区。

1959 年，澜沧拉祜族自治区改称澜沧拉祜族自治县；孟连县傣族拉祜族佤族自治区改称孟连傣族拉祜族佤族自治县，辖 6 个县、3 个自治县。1960 年，撤销思茅县，并入普洱县；撤销镇沅县，并入墨江、景东、景谷 3 个县及玉溪专区的新平县。思茅专区辖 4 个县、3 个自治县。1962 年，恢复镇沅县（驻按板镇）。思茅专区辖 5 个县、3 个自治县。1965 年，由西盟山区设立西盟佤族自治县，同年 3 月 6 日，西盟佤族自治县正式成立（驻西盟）。思茅专区辖 5 个县、4 个自治县。1970 年，思茅专区改称思茅地区，驻普洱县思茅镇（原复兴镇）。

2023 年，普洱市行政区划分如下：

（1）市辖区。思茅区，作为普洱市的中心城区，思茅区仍然是政治、经济、文化的中心。它位于普洱市南部，北邻墨江县，南接景谷县，西连宁洱县，东邻江城县和红河州的绿春县。思茅区的面积为 3 933 平方千米，人口约为 50 万人。

（2）自治县。普洱市主要有以下九个自治县。

1）宁洱哈尼族彝族自治县。位于普洱市中部，是全市面积最大、人口最多的一个县。该县以哈尼族和彝族为主要民族，拥有丰富的自然资源和人文景观。宁洱县的县城位于宁洱镇，面积约为 3 670 平方千米，人口约为 28 万人。

2）景东彝族自治县。位于普洱市东部，是一个以彝族为主的自治县。景东县的县城位于锦屏镇，面积约为 4 462 平方千米，人口约为 30 万人。

3）镇沅彝族哈尼族拉祜族自治县。位于普洱市北部，是一个多民族聚居的自治县。该县以彝族、哈尼族和拉祜族为主，县城位于恩乐镇，全县面积约为 3 420 平方千米，人口约为 18 万人。

4）景谷傣族彝族自治县。位于普洱市南部，是一个以傣族和彝族为主的自治县。该县拥有丰富的自然资源和人文景观，县城位于威远镇，全县面积约为 7 770 平方千米，人口约为 25 万人。

5）墨江哈尼族自治县。位于普洱市东北部，是一个以哈尼族为主的自治县。该县以农业为主导产业，县城位于联珠镇，全县面积约为 5 312 平方千米，人口约为 28 万人。

6）澜沧拉祜族自治县。位于普洱市东南部，是一个以拉祜族为主的自治县。县城位于勐朗镇，面积约为 8 807 平方千米，全县人口约为 40 万人。

7）西盟佤族自治县。位于普洱市西南部，是一个以佤族为主的自治县。县城位于勐梭镇，面积约为 1 352 平方千米，全县人口约为 11 万人。

8）江城哈尼族彝族自治县。位于普洱市东南部，是一个以哈尼族和彝族为主的自治县。该县拥有优美的自然风光和丰富的动植物资源，县城位于勐烈镇，全县面积约为 3 444 平方千米，全县人口约为 11 万人。

9）孟连傣族拉祜族佤族自治县。位于普洱市西南部，是一个以傣族、拉祜族和佤族为主的自治县。县城位于娜允镇，全县面积约为 1 899 平方千米，人口约为 13 万人。

普洱茶的种植历史和原生历史源远流长。思茅地区澜沧邦外一带发现的新石器已是 3 000 多年前的濮人文化，邦威过渡型古茶树是古代濮人栽培驯化茶树的"科学实验"遗留下来的活化石。

清道光《普洱府志》中"六茶山遗器"一章记载，普洱府境内的茶叶种植历史可以追溯至 1 700 多年前的三国时期。这一记载表明，普洱地区在很早时期就开始了茶叶的种植。而最早在历史文献中记载普洱茶种植的人，是唐代咸通三年（862 年）亲自到过云南南诏地的唐吏樊绰，他在著作《蛮书》卷七中明确记载："茶出银生城界诸山，散收，无采造法。蒙舍蛮以椒、姜、桂和烹而饮之。"银生城即今思茅市的景东县城，景东城即唐南诏时的银生节度所在地，银生节度辖今思茅市和西双版纳州。这一记载说明，早在 1 100 多年前，在今天的思茅和西双版纳地区，已经有了茶叶的广泛种植。

明代万历年间的学者谢肇淛在他的著作《滇略》中，首次提到了"普茶"（普洱茶）这个词。该书描述："土庶所用，皆普茶也，蒸而成团。"这表明在明代，普洱茶已经成为当地士庶百姓日常生活中常用的饮品，并且已经有了制作团茶的技术。

清光绪二十三年（1897 年）以后，普洱茶的出口开始兴盛，普洱茶马古道也因此逐渐兴旺起来。作为历史的见证，今天我们仍然可以看到许多茶马古道、古驿站以及石上留下的马蹄印记，这些都是当年运茶马帮辛勤劳动的历史印记。这些遗迹不仅记录了普洱茶的运输历史，也反映了当时社会的经济交流和文化交融。普洱茶茶区主要的分布地有：①宁洱：困鹿山、新寨、板山。②澜沧：景迈、忙景、邦崴、帕赛。③江城：田房。④景谷：秧塔、苦竹、文顶山、黄草坝、龙塘、团结。⑤墨江：迷帝、景星。⑥镇沅：千家寨、老乌山、田坝、马邓、劲大、振太。⑦景东：御笔、金鼎、老仓福德、漫湾。

普洱茶区作为普洱茶的故乡，具有悠久的历史和独特的地位。这片广袤的茶区横穿无量山，为茶叶的生长提供了得天独厚的自然条件。

无量山不仅因其壮丽的自然风光而著称，更因其丰饶的土地资源和适宜的气候条件，孕育出众多的茶叶品种。在茶区内，分布着许多知名的茶叶产地，如野生茶、大、中、小叶混生镇沅千家寨的困鹿山，出产大白茶的景谷秧塔等。这些地方不仅茶种繁多，而且茶叶品质优良，深受茶客们的喜爱。

除了传统的茶叶品种，普洱茶区近年来也在不断地引进和培育新的名优茶种。比如，在普洱、宁洱、西盟等地，大面积种植了云抗十号、雪芽 100 号、紫芽、紫娟等新品种。这些新品种的茶叶在市场上备受欢迎，为普洱茶区的茶叶产业注入了新的活力。

普洱茶区内所产的普洱毛茶因其独特的香气和口感而著称。这些茶叶多以香柔为主，如无量山茶的甜水、景迈茶特有的兰香等。这些香气各异的茶叶，不仅口感醇厚，而且具有很好的陈化潜质，是收藏家们竞相追逐的珍品。

普洱茶区是一个集历史、文化、自然风光和优质茶叶于一体的地方。这里不仅有着悠久的茶叶种植历史，还有着不断创新和发展的茶叶产业。无论是对于茶叶爱好者还是对于茶叶研究者，普洱茶区都是一个值得探索和发现的宝地。

三、普洱茶区的茶叶特点

在普洱茶区，传统的晒青毛茶制作工艺独具特色。这种工艺强调混采、不走水、高温快杀青、紧揉和日光暴晒。由于这些特点，传统工艺制作的茶条呈现出黑紫的外形，涩感较强。在过去，这种茶叶多用于拼配或作为熟茶的渥堆发酵原料。

然而，随着时间的推移，普洱茶产区的茶叶种植和制作工艺也在不断演变。近年来，随着山头茶的备受追捧，茶叶产区越来越细分，制茶工艺也有了较大的改进。在普洱茶区、景谷茶区等地，制茶工艺与勐海地区相近，多采用标准采摘、静置走水、中温慢杀、轻揉和日晒的方式制作。

在普洱茶区中，景迈茶是备受瞩目的一个品种。由于其生长在雨林中的乔木混生环境，景迈茶具有生津和涩重的口感特点。为了改善这一特点，近年来新工艺开始应用于景迈茶的制作。这种新工艺主要包括标准采摘、静置走水、中温慢杀、轻揉、冷堆和日晒等步骤。采用这种工艺制作的晒青毛茶，外形匀称显毫，光鲜度好。开泡后，香气张扬，茶汤黄亮，涩度较低，叶底黄润。

这种新工艺不仅保留了景迈茶的高香特点，还降低了涩度，使得茶叶口感更加柔和。这也反映了普洱茶区在传统工艺的基础上不断创新和进步的精神，以追求更高的茶叶品质和满足消费者日益多样化的需求。

第三节　临沧茶区

临沧茶区，被誉为"天下茶仓"，是普洱茶原料的最大产地，如图3-4所示。临沧茶区有万亩勐库野生古茶树群落，因此被誉为"茶树基因库"。

图3-4　临沧茶区

一、临沧茶区地理位置和环境气候

（一）地理位置

临沧市位于中国云南省西南部，经纬度坐标在东经98°40'～100°34'、北纬23°05'～25°02'，东部与普洱市相连，西部与保山市相邻，北部与大理白族自治州相接，南部与缅甸交界。

（二）地形地貌

临沧市属于横断山脉南延部分，是滇西纵谷区，境内主要山系包括老别山和邦马山两大山脉，永德大雪山、临沧大雪山和双江大雪山等构成主峰。全市地势中间高四周低，并由东北向西南倾斜，最高点为海拔3 429米的永德大雪山，最低点位于海拔450米的孟定清水河区域，相对高差达2 979米。

（三）水系分布

澜沧江和怒江流经临沧市，构成其主要水系，在境内还有罗闸河、小黑江、南汀河、南棒河、永康河等支流。

（四）气候特征

临沧市属于亚热带低纬度山地季风气候，四季温差较小，干湿季节分明，适宜植物生长，尤其是茶树种植业的发展。

（五）行政区划

临沧市下辖 1 个市辖区临翔区，7 个县，即凤庆县、云县、永德县、镇康县、双江拉祜族佤族布朗族傣族自治县、耿马傣族佤族自治县、沧源佤族自治县，共计 89 个乡镇，947 个行政村（社区），其中包含一定数量的居委会和 27 个社区。总面积为 2.45 万平方千米。截至 2022 年末至 2023 年初，临沧市常住人口为 224 万人，城镇化率为 36.46%。

二、临沧茶区历史

临沧市，这片位于云南省西南部的地域，在历史上曾是"百濮"族群（包括氐族、布朗族、德昂族等先民）的聚居地，这些古老民族在商代时期就已经有向中原商王进献当地特产如珠宝和珍奇动物的记载。

秦朝至西汉时期，今临沧地区属于哀牢国版图，在这片土地上发现了岩画这一古代文化遗存。《山海经》中首次提及临沧市耿马县孟定一带为"寿麻"之地。至汉武帝元封二年（前 109 年），滇池区域设置了益州郡，下辖 24 个县，其中云县即属益州郡管辖。随着"五尺道"的开通，云南与内地的联系加强，铁器及其他物资从四川源源不断地流入云南，极大地推动了云南边疆社会经济的发展。

西汉年间，益州郡的设立使得先进的农耕技术如牛耕和灌溉以及铜、锡、银等矿产资源的开发与加工技术开始传入滇东北和滇池周边地区，尽管当时的生产方式仍以手工为主，但这种技术交流无疑拓宽了边疆人民的知识领域，提高了农作物产量，促使包括滇中、滇西和滇东北部分坝区在内的地区逐渐过渡到奴隶制生产方式。

三国时期，诸葛亮南征平定南中后，大力推行农桑生产和屯田制度，使曲靖成为当时云南的经济文化中。公元 69 年，古哀牢国国王柳貌归附汉朝，汉王朝在其领地设立了哀牢、博南两县，同时将益州西部六县划归澜沧郡（后改为永昌郡）。建兴三年（225 年），镇康县在永寿境内的设置标志着其正式归属永昌郡管理，此时已出现类似锹形、铸犁的农具以及牛耕的农业生产方式。

蜀汉时期，永昌郡增设雍乡、永寿两县，这两县所涵盖的区域都包含了今日的临沧市。西晋元康九年（299 年），永昌郡治所迁移到永寿县（今耿马傣族佤族自治县）。此后，云南地区历经动荡战乱，直到南诏、大理国时期才相对稳定下来。

南诏是一个建立在奴隶制基础上的政权，其"佃人制"广泛推广至各地，征服"西爨"后，甚至将滇池地区的居民迁徙到保山、大理地区，使其沦为生产奴隶。与此同时，南诏通过掳掠来的四川工匠，引入了先进的生产技术和文化，对云南的社会进步、经济发展产生了深远影响。南诏末期，洱海地区基本完成了由奴隶制向封建领主制的转变。

南诏时期（748～895 年），永康设拓南城并归永昌节度管辖。大理国前期，凤庆地界依然隶属永昌节度，而大理国后期，凤庆被称为庆甸，归永昌府管辖，同时将南诏时期的拓南城改名为镇康城。绍圣三年（1096 年），镇康一分为二，分别隶属于金齿镇的镇康城和永昌府的庆甸。

元朝时期，洱海一带基本保持了封建农奴制，而在滇池地区，封建地主经济得到较快发展，元末，封建地主经济占据了主导地位。元朝政府在云南进行了大规模的水利建设，如松花坝水利工程和六河堤防工程，对滇池进行了第一次系统综合治理。此外，通过组织军队和百姓在多地实施屯田政策，不仅催生了自耕农的私有土地和个体农民所有制，也使得这些农民摆脱了农奴制的束缚，只需向朝廷缴纳赋税，拥有一定土地自主权。

元朝之后，云南社会经济之所以能够持续发展，很大程度上得益于卫所屯田制度的确立，这种"兵自为食"的体制保障了军队的粮食供应，同时也推动了地方经济的发展。在 1254 年～1287 年期间，元朝对云南诸地进行了一系列行政区域调整和土司设置，镇康、孟定等地先后经历了安抚司、宣抚司、路军民总管府等多种行政形式的变化，实现了对少数民族部落的有效管理和控制。

临沧地区民族文化多元，佤族人口占全国佤族总人口的三分之二以上，还有傣族、拉祜族、布朗族、德昂族、彝族、景颇族等共计 23 个少数民族在这里和谐共生。

三、茶叶特点

截至 2022 年，临沧市的茶叶种植面积和产量确实在云南省占据领先地位。临沧市茶叶种植面积达到 209.3 万亩，总产量为 16.6 万吨，其中精制茶产量为 9.45 万吨，茶叶产业综合产值达到 294.62 亿元，茶叶种植面积和产量均居云南省第一。

临沧市历史悠久，境内有多个与云茶息息相关的民族，如佤族、布朗族、德昂族、拉祜族和傣族等。在临沧的广袤土地上，还分布着大面积的野生茶树群落和栽培型古茶园。

在茶树资源方面，临沧市拥有 4 个茶系和 8 个品种的丰富资源。全市 1 区 7 县都有大量的野生茶树群落和栽培型古茶园。其中，双江勐库野生茶树群落、沧源糯良贺岭村大黑山野生茶树群落和耿马芒洪大浪坝野生茶树群落是最具代表性的野生茶区。

至 2023 年，临沧市栽培型茶园总面积已达 93.2 万亩，茶叶总产量达 3.58 万吨。其中，无性系良种茶园面积占茶园总面积的比例已达 31.1%，累计获有机认证的茶园面积已达 3.7 万亩。

临沧茶区主要分布如下：

（1）临翔区。主要有邦东、那罕、昔归等古茶园。

（2）双江县。主要有坡脚、邦骂、小户赛、坝歪、糯伍、南迫、冰岛、老寨、地界、坝卡、邦丙、邦改、大户赛、邦木、亥公等村寨。

（3）镇康县 / 永德县。主要有永德大雪山、鸣凤山、忙波、忙肺、马鞍山、岩子头、汉家寨、助捧、梅子箐等村寨。

（4）耿马县 / 沧源县。主要有户嗨、帕迫等村寨。

（5）云县。主要有白莺山、核桃岭、大寨等村寨。

（6）凤庆县。主要有香竹箐、平河、岔河、永新等村寨。

临沧市凭借其丰富的茶叶资源和悠久的云茶文化，持续推动茶叶产业的发展，并在国内外享有盛誉。随着时间的推移，临沧市将继续发挥其在云南省乃至全国茶叶产业中的重要地位，为消费者提供更多优质的茶叶产品。

第四节 保山茶区

保山茶区野生茶树丰富，被专家誉为"茶树品种资源宝库"。图3-5为保山茶区。

图3-5 保山茶区

虽然同其他三大茶区相比，保山茶区所处位置的纬度最高、平均海拔最高、气温最低、日照最少、降水量最少，口感比不过其他3个茶区的特色，但纯正的山韵不可多得。

一、保山茶区地理位置和环境气候

保山茶区地处云南省西部，地势北高南低向南贯穿，澜沧江通过东部，辖区中的保山市、昌宁、腾冲、龙陵、施甸等地，都有大面积的茶叶生产。保山境内自然条件优越，适宜茶树生长，茶树品种资源丰富，是云南"滇红"及普洱茶的重要产地。1986～1987年，昌宁、腾冲、龙陵3个县被列为全国首批优秀茶基地县和国家出口红茶商品基地县。全市有10万亩无性系良种茶叶基地，15万亩无公害茶叶生产基地。

二、保山茶区茶叶产业现状的发展与未来展望

（一）保山市茶叶产业的发展现状

2023年，保山市茶叶产业的发展情况如下。

1. **茶叶种植面积与产量**

（1）茶叶种植面积增至约 50 万亩，进一步扩大了茶叶种植规模。

（2）茶叶产量提升至约 3 万吨，产量显著增长，满足了国内外市场的需求。

2. **茶叶产值与农民收入**

（1）茶叶产值突破 8 亿元人民币，茶叶产值持续增长，为当地经济发展作出了贡献。

（2）农民茶叶收入增至约 4 亿元，农民从茶叶种植中获得更多收益。

3. **涉茶人员与茶农人数**

（1）涉茶人员增加至约 150 万人，占全市总人口的一半左右，茶叶产业为当地经济作出了巨大贡献。

（2）茶农人数增加至约 90 万人，茶叶成为许多农民的主要收入来源。

4. **茶叶品牌与市场拓展**

（1）保山市茶叶产品拥有超过 150 个品牌及系列产品，其中 80 个已获得省部级以上名优茶及优质产品称号。有 40 个茶叶品牌及花色品种获得无公害有机茶及绿色食品认证。

（2）保山市茶叶在国内市场的份额逐年增加，尤其在南方市场受到广泛欢迎。同时开始进军国际市场，并在东南亚国家具有较高知名度。

5. **茶叶加工企业与技术进步**

（1）茶叶初制加工企业增至约 1 000 家，提高了茶叶加工能力。

（2）初精合一茶厂增加至约 200 个，以满足市场对高品质茶叶的需求。

（3）茶叶精制生产线增至约 70 条，提升了茶叶精制能力。

（4）新技术的应用得到推广，包括无人机植保、智能灌溉等，提高了茶叶种植的科技含量和效率。

6. **普洱茶及其他产品**

（1）普洱茶生产企业增至约 200 家，产量达到约 8 000 吨，普洱茶产业持续发展壮大。

（2）其他茶叶产品，如绿茶、红茶、花茶等也取得良好销售业绩，满足了消费者多样化的需求。

7. **茶文化与旅游**

保山市定期举办茶文化节、茶艺大赛等活动，推广茶文化，增强茶叶品牌的知名度。

依托当地的自然景观和茶园风光，发展茶文化旅游，吸引游客前来体验和消费。

（二）未来展望

（1）保山市将继续加大对茶叶产业的支持力度，推动茶叶产业向规模化、标准化、品牌化方向发展。

（2）加强国际合作与交流，提升保山市茶叶的国际竞争力。

（3）随着技术进步和市场需求的变化，保山市将不断创新和完善茶叶产业链，促进产业的持续健康发展。

保山茶区总体的未来发展方向是文旅融合发展和品牌建设。尤其是昌宁县，位于澜沧江中下游，地处于明山秀水之间，气候独特，十里不同天，海拔较高，形成了低热、温热、温凉、高寒的立体气候，森林覆盖率高达 46.7% 为茶树的生长提供了得天独厚的条件。为此长宁县正在通过举办采茶仪式和利用其丰富的茶资源，打造世界一流茶品牌。

除了野生型古树茶，昌宁县还有栽培型古树茶，这些古树茶经历了数百年的生长，品质卓越，口感独特，深受消费者喜爱。所以，走"茶区变景区，茶园变公园，茶叶变金叶"的发展道路，旨在让昌宁茶走向世界。此外，龙陵县和腾冲县也是古树茶资源丰富的地区。在更广泛的云南省茶产业发展规划中，保山茶区被视为待开发的资源宝库，拥有着丰富的茶树种植资源，尤其是古茶树群落，这些资源为保山茶区的未来发展提供了坚实的基础。保山茶区的未来发展还强调品牌建设和市场主导的原则，通过打造普洱茶、滇红茶等品牌，构建云茶品牌体系。总之，保山茶区的未来发展将依托其丰富的自然资源和文化底蕴，通过文旅融合、品牌建设和市场主导的策略，提升保山茶区的知名度和市场竞争力。

三、保山茶区古茶树群

（1）潞水镇潞水村黄家寨的栽培型古茶树群，是当地的一大奇观。这里海拔高达 1 840 米，古茶树群分布面积超过 100 亩。其中，有 400 多株古老的茶树分布相对集中，树龄均在500年以上。这些古茶树经历了无数的风雨岁月，见证了历史的变迁，但依然屹立不倒，生机勃勃。它们的存在不仅为这片土地增添了独特的韵味，更为茶叶爱好者提供了难得的探访之地。

（2）温泉乡联席村芭蕉林的野生古茶树群，是另一个值得探访的地方。这片古茶树群分布面积较大，其中茶树基部直径60厘米以上的大茶树有1000多株。最大的一株茶树高15米，基部茎围2.85米，树幅6米×6米，属于大理茶种类。这些古茶树形态各异，有的矗立在山间，有的依偎在溪流旁，给人留下了深刻的印象。

（3）石佛山古茶树群位于田园镇新华村的石佛山，海拔高达2140米。这片古茶树群分布面积广大，其中有5株较大的古茶树，最大的一株被称为"柳叶青"，基部茎围达到了3.03米，树高14.8米，树幅6米×8.4米。经过西南农业大学刘勤晋教授的实地考证，这株茶树属于大理茶亚系栽培型古茶树，树龄在1000年以上。这些古茶树的茶叶品质卓越，香气浓郁，深受消费者喜爱。

（4）温泉乡联席村破石头的栽培型古茶树群，是另一个珍贵的遗产。这里属于栽培型古茶树群落，最大的一株茶树高5.8米，树幅5.1米×5.4米，基部茎围2.6米。这株茶树底部有4个分枝，属于小乔木披张型。它的叶片翠绿，茸毛丰富。这种茶叶属于普洱茶的一种，当地人称它为原（袁）头茶，是云南作为茶树原产地的有力见证。根据国家"茶树种质资源系统鉴定评价"的研究结果，这株茶树的茶叶内含茶多酚和儿茶素等有益物质丰富，制出的茶叶品质优良、香气四溢。

第四章　普洱茶的制作与贮藏

第一节　普洱茶的品种特性与分类

一、云南普洱茶产区内的大茶树特性

普洱茶得以传播发展，与普洱茶产区内丰富的大茶树有着密切关系。云南大茶树包括野生型大茶树、过渡型大茶树和栽培型大茶树三种。

（一）野生型大茶树

野生型大茶树是指在一定地区经长期自然选择所保留下来的茶树类型，是自然选择的产物。野生型大茶树在云南当地存留下来的很少，仅有零星分布。其主要特征是：乔木型或小乔木型，树姿较直立，嫩枝无毛或有少量毛；叶大，长 10 ～ 20 厘米，叶面平或微隆起，叶缘有稀钝齿；花大，冠径为 4 ～ 8 厘米，花瓣为 8 ～ 15 片，色白质厚。

（二）过渡型大茶树

栽培型大茶树由野生型大茶树过渡进化而来，在进化的漫长过程中，形

成了一些既具有野生型特征又具有栽培型特征的茶树类型,被称为过渡型大茶树。

（三）栽培型大茶树

栽培型大茶树是指人类通过对野生茶树进行选择、栽培、驯化,创造出的茶树新类型,是自然选择和人工选择的产物。云南当地的古茶树,绝大多数都是栽培型的。其主要特征是:灌木型或小乔木型占多数,树姿多开张或半开张,嫩枝多有茸毛;叶长为 6~15 厘米,叶草质或膜质,叶面平或隆起,叶缘有细锐齿。

云南的大茶树多为乔木型大叶种茶,在分类上多属大理茶、厚轴茶,极少数为大厂茶。栽培型大茶树多数属于普洱茶变种和白毛茶变种。云南大叶种茶树品种的特性对形成普洱茶独特的品质有着重要作用,所含的茶多酚、儿茶素、茶氨酸和水浸出物等含量都远远高于一般中小叶种茶树品种。

从有名的南糯山 800 年的"古茶王"和 1 700 多年前的巴达野生茶树王性状的差异,可以看出栽培型大茶树与野生型大茶树的区别。南糯山"古茶王"的主要特征为:叶椭圆形,长约 11 厘米,宽约 4 厘米,叶着生状态上斜;叶色浓绿,叶肉厚而软,锯齿密而浅,主脉明显,如图 4-1 所示。芽头粗壮,淡绿色,茸毛多;育芽能力强。巴达野生茶树王的主要特征为:叶长椭圆形,叶着生状态上斜;叶色黄绿,叶肉厚而软,叶面隆起,锯齿密而浅,主脉明显。芽头粗壮,呈黄绿色微紫色,无茸毛;育芽能力强,如图 4-2 所示。

图 4-1　南糯山"古茶王"

图 4-2　巴达野生茶树王

二、云南普洱茶的主要栽培品种

中国是茶树资源最为丰富的国家，包括野生茶树、农家品种、育成品种等有 350 多种。研究表明，要形成普洱茶甘、滑、醇、厚等独特的品质特征，茶树的品种选择极为关键。

普洱茶在"渥堆"过程中，在酶促作用以及微生物和水的湿热作用下，其内含物质发生了一系列的氧化、聚合、分解、降解和缩合等反应，如茶多酚减少了 60%，儿茶素减少了 75%，80% 的茶黄素和茶红素氧化聚合，游离氨基酸减少了 60%，可溶性糖下降了 40%。化学成分的巨大变化形成了普洱茶与众茶不同的品质风格。因此，优质普洱茶产品的形成与茶树品种中内含茶多酚、氨基酸、儿茶素、水浸出物、咖啡碱等重要化合物含量的比重有重大关系。

云南普洱茶的主要栽培品种有以下几种。

（一）双江勐库大叶种

植株乔木型，大叶种类，生长势强，分枝部位高。叶色绿色，密披茸毛，叶长椭圆形，叶长 17 厘米，宽 8.5 厘米左右，叶着生状态稍上斜，叶尖急尖；叶色深，叶肉厚而软，革质，叶缘平，锯齿密而浅，主脉明显。育芽力强，发芽早，易采摘。

一芽二叶平均重 0.62 克，制成红茶色泽乌黑油润，味强烈，汤色浓艳，香气高锐，叶底红匀，外形条索粗壮，金毫显露。一芽二叶蒸青样含茶多酚 33.76%，氨基酸 1.66%，儿茶素总量 182.16 毫克 / 克，水浸出物 48.00%，咖啡碱 4.06%。

（二）凤庆大叶种

乔木型大叶类，树姿开展，分枝部位高。叶长椭圆形，叶长 13.5 厘米、宽 5.5 厘米左右，叶着生状态稍水平，叶尖渐尖；叶质柔软，叶缘平，叶色绿，锯齿稀而浅，叶脉 8 ～ 10 对。芽头绿色肥壮，茸毛多，新梢持嫩性强，易采摘。

一芽二叶，蒸青样含茶多酚 30.19%，氨基酸 2.90%，儿茶素总量 134.19

毫克／克，水浸出物 45.83%，咖啡碱 3.56%。

（三）勐海大叶种

植株乔木型，大叶种类，早生种，生长势强。芽叶肥壮，黄绿色，茸毛多，叶长椭圆形，叶长 16 厘米，宽 9.5 厘米左右，叶着生状态稍上斜，叶色绿，叶肉厚而软，叶面隆起，革质。

春茶一芽二叶，平均重 0.66 克，蒸青样含茶多酚 32.80%，氨基酸 2.30%，儿茶素总量 18.20%，咖啡碱 4.10%。

（四）革质杨柳芽

植株乔木型，树姿开展，分枝力强。叶披针形，微内折，叶尖尖锐，叶着生状态下垂，叶质软，叶缘锯齿细而长。芽绿色，有茸毛，发芽整齐而密，芽头中等。

一芽二叶，平均重 0.41 克，蒸青样含茶多酚 24.80%，水浸出物 43.66%。

（五）澜沧大叶绿芽茶

植株乔木型，树姿开展，生长势中等。叶大，长椭圆或宽椭圆形，叶色绿，白毫多而长。

一芽二叶，重 0.41 克，产量较当地品种高 25% ～ 43%。蒸青样含茶多酚 29.32%，水浸出物 46.9%。

（六）景谷大白茶

植株乔木型，大叶种类，叶长椭圆形，叶色黄绿，叶面隆起，叶肉厚，叶质较软，叶脉有茸毛，叶脉 11 对左右。芽粗壮，黄绿色，茸毛特多，闪白色银光。

春茶一芽二叶，蒸青样含茶多酚 29.90%，氨基酸 3.80%，儿茶素总量15.30%，咖啡碱 5.20%。

（七）云抗 10 号

植株乔木型，大叶种类，芽叶肥壮，黄绿色，茸毛特多，育芽力强而密。

叶长椭圆形,叶长 13 厘米,宽 5 厘米左右,叶色黄绿,叶肉稍厚,叶质较软,叶面隆起,稍内卷,叶缘微波,锯齿粗浅,叶尖急尖。

春茶一芽二叶,蒸青样含茶多酚 35.00%,氨基酸 3.20%,儿茶素总量 13.60%,咖啡碱 4.50%。

（八）易武绿芽茶

植株乔木型,大叶种类,芽叶较肥壮,绿带微紫色,茸毛多。

春茶一芽二叶,蒸青样含茶多酚 31.00%,氨基酸 2.90%,儿茶素总量 24.80%,咖啡碱 5.10%。

（九）云抗 14 号

植株乔木型,大叶种类,芽叶肥壮,黄绿色,茸毛极多。

春茶一芽二叶,蒸青样含茶多酚 36.10%,氨基酸 4.10%,儿茶素总量 14.60%,咖啡碱 4.50%。

（十）元江糯茶

叶长椭圆形,叶长 18 厘米、宽 8 厘米左右,叶着生状态稍上斜,叶色黄绿,叶肉厚而软,叶缘平,锯齿粗而浅;具革质,单叶对生。植株小乔木型,大叶种类,芽叶肥壮,育芽力强。叶黄绿色,茸毛极多。

春茶一芽二叶,蒸青样含茶多酚 33.20%,氨基酸 3.40%,咖啡碱 4.90%。

（十一）云选 9 号

植株乔木型,大叶种类,芽叶肥壮,叶色黄绿色,茸毛极多。

春茶一芽二叶,蒸青样含茶多酚 38.20%,氨基酸 2.90%,儿茶素总量 16.10%,咖啡碱 4.80%。

三、普洱茶的种类

（一）根据生产工艺和形状规格不同分类

根据生产工艺和形状规格的不同,普洱茶可分为以下六类。

1. 普洱沱茶

沱茶，外形像倒扣着的碗，翻过来内有碗窝，如图4-3所示。沱茶是云南茶品中相当古老的茶制品，早在明万历年间的《滇略》一书中就有记载"士庶所用，皆普茶也，蒸而成团"。说明当时已有将散茶水蒸后，揉制成团的做法了。现代形状的沱茶创制于清光绪二十八年（1902年），由思茅市景谷县的"姑娘茶"演变而来，故又称"谷茶"。

图4-3 普洱沱茶

提起沱茶不得不提下关茶厂。近40年来，云南沱茶都集中于下关茶厂制造。下关茶厂的前身为康藏茶厂，1950年康藏茶厂改名为中国茶叶公司下关茶厂，1976年开始生产以普洱散茶为原料蒸压制成的普洱沱茶，属紧压茶类，产品唛号是7663，重量有100克和250克两种，主要用来供应出口，远销西欧、北美等地。普洱沱茶的代表"中茶牌"云南沱茶的品质特点是：色泽褐红，香气馥郁淡雅，茶汤红浓明亮，茶味儿醇和回甘。

2. 普洱砖茶

普洱砖茶第一个辉煌的时期是在清朝初期，乾隆皇帝在1793年回赠英国使者团的礼物中，就有28块普洱砖茶，普洱砖茶的形状，如图4-4所示。史料记载，清道光年间，思茅地区的一些茶号，就用各种品质毛茶拼配成砖茶，专门用来供应西藏地区。

图4-4 普洱砖茶

中华人民共和国成立后，由于经济体制的改革，云南的国营茶厂仅生产饼茶、沱茶以及紧压茶，而不生产砖茶。1967 年，下关茶厂将用来生产心脏形紧压茶的茶菁改制成砖茶，之后昆明茶厂也于 20 世纪 70 年代开始生产砖茶。勐海茶厂亦于 1973 年运用"渥堆"发酵法生产了第一批普洱熟茶茶砖，被称为"73 厚砖"，每块净重 250 克，主销我国港澳地区。

3．七子饼茶

七子饼茶，又称"圆饼"，形似圆月，是云南自古以来就有的传统的出口品种，畅销港澳和东南亚一带。著名学者李拂一在其《十二版纳志》中称："圆茶年产量最高为六千驮，每驮两篮，每篮各十二小包，每小包内装茶饼七片……"因为每七个饼茶包装在一个竹箸内，沿袭下来，后来就被称为"七子饼茶"，如图 4-5 所示。

图 4-5　七子饼茶

七子饼茶系由宋代"龙凤团茶"演变而成，民国初期云南开始生产并专供外销。1957 年由勐海茶厂生产，系由普洱蒸压塑形而成，直径为 20 厘米，中心厚为 2.5 厘米，边厚为 1.3 厘米，每个净重 357 克，七个为一筒，共计 2.5 千克。还有一种由 3 ~ 8 级青毛茶配制蒸压塑形而成的七子饼茶，称为"青饼"，由云南省下关茶厂生产，主销我国港澳地区及东南亚一带。

4．紧压茶

紧压茶与沱茶一样，也是从"蒸而成团"演变而来，如图 4-6 所示。云南省于清代中叶开始创制心脏形紧压茶。主要用来供应西藏地区。

图 4-6　紧压茶

最初的紧压茶形状不适合长途运输，紧压太实，内芯普遍发霉，佛海（今勐海）制茶厂首先将其改制成"带把的心脏形"，使其包装内有空隙，能通风透气而不至于在长途运输过程中发生霉变，古代又称为"牛心茶"，俗称"蛮庄茶"。

1912 年至 1917 年，佛海制茶厂首先把"心脏形"紧压茶取名为"宝焰牌"紧压茶，用竹叶包装，每七个装成一筒。主要用来供应西藏和四川凉山、甘孜及云南西北迪庆、丽江等地区的藏族人饮用，每个重 250 克。其外形条索柔软，成团结实紧密，久泡不涩，色泽乌润，香气醇正，滋味醇浓，汤色红浓。酥油茶所用的茶叶主要就是紧压茶，将茶叶熬煮后用茶汁与酥油在筒内充分搅拌均匀呈乳白色，配合糌粑食用。

5．饼茶

因形如圆饼，故名"饼茶"，又称"小圆饼茶"，主销云南西北地区，每个重 125 克，直径为 11.6 厘米，边厚为 1.3 厘米，如图 4-7 所示。

图 4-7　饼茶

饼茶一般采用煨煮的饮用方法，即把茶叶放入茶罐中加水煨煮后，将茶汁倒入茶盅内，按个人习惯，加开水稀释至一定浓度，再加入盐或糖搅拌均匀，即可饮用。

饼茶的生产在云南各产茶区遍地开花。整体来说，云南当地知名茶厂生产的茶品较为正规，质量稳定。下关茶厂的"中茶牌"饼茶、西双版纳昌泰茶行的"易号"饼茶等都是饼茶中比较出名的品种。

6．方砖

普洱方砖也称"方茶"，和砖茶的历史大致相同。清代产制的方茶，民间称为"普洱贡茶"，后为体现人间吉庆之意，在四块方茶的表面各压印有"福""禄""寿""喜"四字，四块方茶装成一盒，称为"四喜方茶"，如图4-8所示。

图 4-8　四喜方茶

方砖的压制，一直持续到 1982 年为止。昆明茶厂生产的普洱方茶，长、宽都为 10.1 厘米，厚为 4.1 厘米，每片净重 250 克。外形紧结端正，色泽墨绿，银毫显露，汤色红中透着黄明，滋味醇厚，香气持久，叶底嫩匀。方砖具有携带方便、耐久储藏的特点。勐海茶厂生产的普洱方茶，有 100 克和 250 克两种，茶身正反面分别压印有"八中茶"标志以及"普洱方茶"字样。

除以上各种形状外，云南普洱茶还有瓜形的金瓜贡茶、葫芦形的沱茶、迷你型的沱茶等多种外形。随着普洱茶市场的不断拓宽以及外延产品的开发，普洱茶的形状、规格将会更加丰富多彩。

（二）根据采摘茶树植株不同分类

按采摘茶树植株的不同，普洱茶可分为以下三类。

1．乔木茶

乔木茶的茶菁主要采自云南当地的乔木类茶树。采自此类型茶树上的茶菁，叶片大而厚，叶齿稀疏，叶芽粗壮，叶脉粗大，从叶背看，主、副叶脉明显突起，相比之下，灌木茶菁的叶脉就细多了。此茶品香气四溢，口感浓郁，茶劲大。

云南当地可采摘茶菁，用来制作普洱茶的乔木类茶树，基本上都是栽培型野生茶树。其特点是：树高多在 5 米以上，主干发达，分枝点较高。其中小乔木树高在 5～8 米，中乔木树高在 8～20 米，大乔木树高在 20 米以上。这些茶树都生长在深山密林中，由于生长地点的特殊性，它们从来都不施化肥，也不喷农药，全靠自然的生态环境生存，是纯绿色天然食品。

2. 茶园茶

茶园茶的茶菁主要采摘自人工种植、集约化栽培的灌木类或小乔木类茶树。此类型茶树上的茶菁通常叶片小而薄，所制成的茶园普洱茶口感相对单调，略带点清香。

灌木类茶树的树体相对于乔木类茶树来说较矮小，且无明显主干。其中小灌木树高不足 1 米，中灌木树高 1.5 米左右，大灌木树高在 2 米以上。这些茶树都生长在人工集中式的茶园里，喷施农药及化肥提高了单产和经济效益，但农药化肥的残留及对环境的污染却是其弊端。

3. 生态茶

生态普洱茶的茶菁主要采摘自生长在生态茶园中的栽培型茶树。

生态茶园的研究在我国起步较晚，但近年来已得到人们的关注，并开始大力推广。生态茶园的形成与普通茶园有三点不同：一是在茶园四周种植其他树木作为茶树的保护林带；二是在茶树与茶树之间套种低秆矮茎的农作物以增加茶园行间的绿色覆盖；三是在茶园的梯壁上种植少量其他植物以提高茶园的保土、保肥和保水等能力。

通过采用这些自然植物所带来的保护措施，人为地创造出多物种共存的生态环境，使茶树生长与茶园生态系统相和谐、相统一。茶园的生态平衡了，茶树病虫害也就减少了。同时由于生态茶园依靠提高土壤肥力、改善土壤结构来减少化肥和农药的施洒，茶叶质量提高，茶味更香，外部条形也比以前更好看。生态茶园所产的普洱茶，是纯天然的品质优良而无污染的绿色食品。

（三）根据制法不同划分

依制法不一，普洱茶可分为以下两类。

1. 生茶

采摘大叶种鲜叶经杀青、揉捻、日光干燥等工艺加工后以自然方式发酵，茶性较熟茶来说较刺激，陈放多年后茶性会转温和，好的、老的普洱茶通常都采取此种制法。

2．熟茶

晒青毛茶经分级、渥堆，然后又压制成型，干燥后即为熟茶。精湛的工艺加上科学的人为发酵，茶性由烈转温，茶水喝起来更爽口。

（四）根据存放方式不同划分

依存放方式的不同，普洱茶可分为以下两类。

1．干仓普洱

干仓普洱指将压制成型的茶品存放于通风、干燥且清洁的仓库内，使其自然发酵，陈化期 10 ～ 20 年为佳。

2．湿仓普洱

湿仓普洱是指将压制成型的茶放置于较潮湿的地方，如地下室、地窖等，以加快其发酵速度。这种存放方式常会破坏茶叶中的内含物质，使茶品带有泥味儿或霉味儿，湿仓普洱陈化速度虽比干仓普洱快，但极其容易发生霉变，对人体健康不利，所以我们不主张销售及饮用湿仓普洱。

第二节　普洱茶菁的采集和普洱茶的加工

一、普洱茶菁的采集

普洱茶主要是以云南大叶种晒青毛茶为原料，其茶菁的采摘期为每年 2 月下旬至 11 月中旬，每年有七八个月的采摘期。云南思茅市普洱地区种植的大叶种茶树，一年可发芽 5 ～ 6 轮，生长期在 300 天以上。由于云南地区的气候期间特征，有些茶树品种的茶菁一年四季都可采摘。

按照传统的划分方法，在 3 月末和 4 月初采摘的茶菁（或指清明至谷雨期间所采之茶）称为"春尖"，或者称为"白尖"，这是因其白毛嫩芽的原因。

4月以后采摘的茶菁称为"黑条"，茶叶色泽黑润，质重而色味浓厚，是制造"七子饼茶""砖茶"的主要原料。

"黑条"之后（或指芒种至大暑所采之茶）为"二水茶"，又叫"三二盖"，其叶大质粗，叶色黑黄相间。"二水茶"之后就是"粗茶"，多是黄色老叶，品质最为低下，专供制造销往西藏地区的紧压茶的包心之用。

9月初茶树再生一次的白毛嫩芽（或指白露至霜降所采之茶）称为"谷花茶"。这时正当谷禾扬花之季。当地人们称稻为"谷子"，因此称这时所产的白毛嫩芽为"谷花茶"或"谷花尖"，其品质略次于春尖，叶色则比春尖更为光滑鲜亮，不易变黑，通常用作"七子饼茶"的盖面。"谷花茶"之后，还会搞一次粗茶采摘，只是数量不多。

一般来说，以"春尖"及"谷花"两个时期的茶品质最好。

二、普洱茶的加工

普洱茶的发展历史是少数民族对当地茶树自然资源的发现利用及与巴蜀、中原茶叶加工技术影响的推动所共同作用的结果，其产制发展与中国茶叶主流发展史既有紧密联系又有自己的特色。综观其整个加工演变过程，大致可以分为三个阶段：唐宋以前的散收无采造法阶段；清末以前的地理意义上的普洱茶阶段；现代普洱茶阶段。

（一）唐宋以前的散收无采造法阶段

在唐宋时期，中原、巴蜀地区的茶叶已进入团饼茶的兴盛期，而"普洱茶"的制法是手抄手揉，日晒干燥。加工尚为"茶出银生城界诸山。散收，无采造法"（相对于团、饼茶而言）。"散收"就是将采下的鲜叶晒干而成。

（二）清末以前的地理意义上的普洱茶阶段

至元末明初，中原茶文化在明太祖朱元璋的旨意下形成了"团"改"散"的巨大变革，普洱茶的生产加工因其主要消费群体为边疆少数民族，需要长距离运输而得到较快的发展。明万历年间谢肇淛在其所著的《滇略》中记载："土庶所用，皆普茶也，蒸而成团。"

普洱茶因在明朝的步日部（今普洱县）集散而得名，雍正七年（1729 年）设置"普洱府"，下辖今云南思茅和西双版纳地区。普洱茶随着进贡朝廷受宠而逐渐进入发展的鼎盛时期，普洱府也因此成为普洱茶的精加工、深加工基地和集散地，"普洱茶"之名开始闻名于海内外。这一阶段为真正的地理意义上的普洱茶阶段，这时普洱茶的制作分毛茶初制和精制两个步骤，其基本加工方法，如图 4-9 所示。

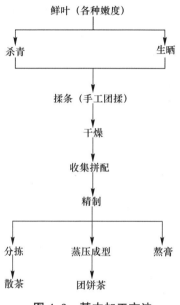

图 4-9　基本加工方法

注：①杀青可分为锅炒杀青和笼蒸杀青两种方式。②干燥可分为晒干和炒干两种方式。

如按我国现代制茶法与品质分类标准体系划分，清末以前的普洱茶应归属于绿茶。但当时加工技术较落后，还存有许多问题，如初制加工十分零散，杀青不及时、不均匀、不彻底，加上干燥不及时而造成酶性氧化比较严重，霉变现象时有发生。同时精制时蒸的时间较长，而团饼茶的后发酵方式又多采用自然缓慢晾干，成品茶含水量较高，运输及销售时间长而造成后发酵与水热氧化，使茶叶呈现茶色金黄而茶汤橙红，滋味相对醇和的品质特点，但这时的产品有绿色、黄色和红色之分，茶膏也有黑色和绿色之分，难以与现代茶类严格区分开来。而紧压茶的氧化相对更重，其品质形成是一个酶性氧化与非酶性氧化共同作用的结果。

直至清末仍以普洱府小叶种茶苦涩味儿低为优，说明那时的普洱茶尚未有长期陈化、氧化的技术。过去有人认为"因为长时间人背马驮、日晒雨淋形成普洱茶"，这种说法未免把普洱茶的形成过程太过于简单化了。

（三）现代普洱茶阶段

普洱茶加工演变的第三阶段即现代普洱茶生产加工技术的萌生，是自清末以来，自然、社会、商业、科技等多种因素共同作用的结果，更是一个继承与创新的发展过程。

现代普洱茶以云南大叶种茶鲜叶为原料，其芽叶肥壮粗大，持嫩性强，茶多酚、氨基酸、维生素等化学成分含量相对较高，这为现代普洱茶条索肥壮、滋味浓醇、耐冲耐泡等品质特点打下了良好的原料基础。

传统地理意义上的普洱茶因以下原因而逐渐退出历史舞台：①自清末以来，普洱府逐渐失去其茶叶精加工、深加工及集散地的重要地位，因行政区域的重新划分，致使原普洱府茶区成为新的思茅、勐海、勐腊等茶区，茶叶产地不再以"普洱"来标注。②原普洱府茶区的茶叶随着加工技术的进步出现了红茶、烘青、晒青等多样化的品种。③古老的普洱茶山逐渐衰落，被新兴茶区所取代。

陈化工序的产生是现代普洱茶阶段区别于地理意义上的普洱茶阶段的重要标志，也是现代普洱茶的形成经验的总结。技术的进步、社会的变迁，使原普洱茶区的茶叶发生了多茶类分化，由于杀青技术的及时和设备的进步、使晒青毛茶在晒干过程中的酶性氧化程度得到控制，茶叶滋味变得更柔和，茶叶色泽转为黄褐色，并产生了以"太阳味"为特色的香气品质，再加上其后的蒸压成型与干燥过程的合理化转变，为现代普洱茶加工技术的形成奠定了良好的基础。

云南地处云贵高原，历史上交通不便，茶叶运销仅靠人背马驮，茶叶从云南南部茶区运销到西藏和东南亚及我国的港澳地区，历时至少要一年半载，茶叶在运输途中，茶多酚在温度、湿热等条件下不断氧化，形成了普洱茶独特的品质风格，这也可以说是普洱茶的后发酵陈化工序的前奏。

消费者在饮用普洱茶时，发现经长期贮存的陈年普洱茶的口感更润滑，且治病效果更显著，这一切身体验推动了普洱茶陈化工序的产生。清末以后因发生战乱，尤其是以香港客商为代表的买主因进货渠道不畅，同时由于人们生活不安定等因素，致使大量普洱茶产品囤积滞销，进而渐渐发展为有意识地贮藏陈化，以提高茶叶的品质，从而为现代普洱茶陈化工序的形成作出了重大贡献。

"普洱茶经后熟陈化而促使品质转变"，人们对这一认识逐渐加深，进而形成了陈年普洱茶的专门消费群体。为适应消费者对普洱茶特殊风格的需要，云南茶叶进出口公司在昆明茶厂用晒青毛茶，经高温、高湿人工速成的后发酵处理，制成了云南普洱茶。该产品受到了我国的香港和台湾地区以及日本、西欧等国家和地区的消费者的热烈欢迎，产销量逐年增大，加工技术不断得到提高，产品质量稳定，保健功能逐一被科学理论所证实。

云南制茶历史悠久，其茶叶加工技术逐步发展，在现阶段的条件下，普洱茶的加工仍分为初制加工和精制加工两个步骤。初制加工是指将采摘下来的鲜叶，进行杀青、揉捻、干燥等处理。精制加工则是指将初制晒青毛茶经过分级、渥堆、风干、筛分拼配等手段整形分类。至此，现代普洱茶的原料和加工工艺皆自成体系，现代普洱茶基本加工工艺流程，如图 4-10 所示。

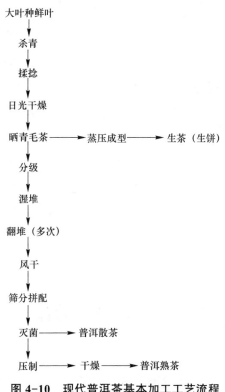

图 4-10　现代普洱茶基本加工工艺流程

1．杀青

当茶菁（从茶树上摘下来的嫩叶）和空气接触产生氧化作用，达到人们需要的程度时，用高温把茶菁炒熟（锅炒杀青）或者蒸熟（蒸笼杀青），从而停止茶菁继续发酵，这个过程叫杀青。晒青毛茶大多采用锅炒杀青，因大叶种茶含水量较高，杀青时必须与闷炒和抖炒相结合，使茶叶均匀失水，以达到杀透杀匀的目的。

2．揉捻

揉捻可以揉出所需要的茶叶形状，同时将茶叶细胞揉破，以使茶叶所含的化学成分在冲泡时能充分渗出，溶入茶汤中。揉捻要根据原料的老嫩程度灵活地掌握揉捻力度和揉捻时间：嫩叶要轻揉，时间短；老叶要重揉，时间长。揉至基本成条为宜。一般说来，干茶的外形越是紧结，其越耐冲泡。

3．日光干燥

日光干燥是晒青毛茶区别于炒青和烘青的根本特点。天晴时，薄摊晒晾；天阴时，就将茶叶摊晾在火塘上吊挂的竹席上。晒青毛茶偶有烟味儿，原因就在于此。干燥的目的是将茶叶的形状固定，并且无水分有利于保存，使之不容易变坏。

4．渥堆

"渥堆"是普洱茶所特有的一道工序。即首先将茶叶匀堆，再泼以少量水使茶叶受潮，然后把茶叶均匀地堆成一定厚度，盖麻袋或塑料袋以保温，让其发酵。发酵期间的温度控制非常重要，温度过低，发酵不起来；温度过高，又烧堆。要根据温度的变化及时地翻堆调节温度，才能保证发酵过程正常进行。

因此，从普洱茶加工的演化历程来看，现代普洱茶是指用云南大叶种晒青毛茶经陈化处理而制得的产品，其形成是一个集生产者、经营者和消费者共同参与和继承创新的过程。

第三节　普洱茶的包装

随着普洱茶产业的火爆发展，普洱茶的包装设计艺术也成为一个新兴的热点。在任何一个茶叶市场逛一逛，你都会看到五花八门、形形色色的包装。各种茶罐、茶盒的制造材料早已不再是单一的绵纸笋壳，取而代之的除了竹皮竹条、民间手工纸以外，还有罕见的稀有金属、精雕的珍贵红木等。

包装产业的发展，不仅为茶叶包装提供了优良的材料，而且还推动了新的包装手法的诞生。林林总总的包装看得我们眼花缭乱。总而言之，包装是皮、是表，茶才是真正的核心。比昂贵、比奢华不是最终的目的，比品位、比文化才是这件五彩外衣的点睛之笔！

一、普洱茶包装的注意事项

普洱茶包装技术的发展是随着市场需求的不断增大而发展起来的。对于普洱茶来说，包装主要是起保鲜、定量、装饰和说明的作用。随着茶叶消费市场的日益扩大，多元化的包装也应运而生。如何包装才能更好地保证普洱茶的质量是首要解决的问题。为此，我们总结了一下茶叶包装设计应注意的几个方面。

（一）保鲜

普洱茶虽说是干燥物品，其贮藏性能比鲜活商品好得多，但它的吸附性特强，若贮藏方法稍有不当，就会在很短的时间内串染其他味道而失去其原有的、独特的风味。所以不论采用何种包装材料，都必须具备隔绝气味的作用。

（二）防潮

一般茶叶中的含水量不宜超过5%，含水量越高，茶叶中的有益成分扩散和变化就越快，超过一定限度，茶叶就会变质，长期保存时含水量应以3%为最佳。否则茶叶中的抗坏血酸（维生素C）容易分解，茶叶的色、香、味等都会发生变化，尤其在较高的温度下，变质的速度会更加快。

普洱茶因经过"渥堆"工序，含水量的要求会降低，但这不意味着普洱茶包装不需要考虑防潮因素，含水量过多或防潮技术处理不好，都会使品质好的普洱茶发生霉变，质量下降。所以普洱茶包装时要注意进行适度的防潮处理。

（三）防氧化

普洱茶包装中的氧含量必须控制在 1% 以下，氧气过多将会导致茶叶中某些成分氧化变质。例如，抗坏血酸容易氧化并进一步与氨基酸结合发生色素反应，使茶叶味道起变化。所以普洱茶包装过程中要注意密封隔氧。

（四）避光

光照会加速各种化学反应，不利于普洱茶的存放贮藏，所以包装切勿在烈日下进行。

知道了上述普洱茶包装的几个关键事项，我们在选购普洱茶时就有了对包装好坏的判断标准，有利于我们选购到质量更好的普洱茶。

二、普洱茶包装的历史及设计艺术

普洱茶在饮食美学方面被人们称为"能喝的古董""美容健身茶"，从设计艺术的角度上讲，普洱茶的设计印刷及包装用纸，归纳起来大体经历了五个发展时期，即号级茶时期、印级茶时期、七子饼茶时期、改革茶时期和现代茶（当代茶）时期。

（一）"号级茶时期"普洱茶的包装设计艺术

20 世纪 50 年代以前为"号级茶时期"，也称"古董茶时期"。这一时期主要以云南西双版纳六大茶山的私人作坊、茶庄生产的茶叶为主，故又称为"私人制茶时期"。号级茶时期的代表茶品有"同庆号""福元昌号""车顺号""敬昌号""同兴号"等。

号级茶时期普洱茶的设计印刷及包装的外包装用纸，通常使用民间手工自制的草板纸、条纹纸、松皮纸、绵纸、土纸等，纸质有厚、薄之分，茶品包装多用薄而不规则的纸浆纹路纸，厚薄均匀，但易破损。

号级茶时期，由于民间没有能力掌握官方的印刷包装技术，更因为交通不便而无法购买到优质的印刷包装纸。所以，1950 年以前制作的"号级茶时期"茶品，都不太考虑包装设计，茶品包装一般都沿袭了老圆茶的包装形式，每饼用外包装纸包好，每七饼包入一个竹箬筒内。当时的制作完成的茶品上通常放置一张正方形或长方形手工印制的品名纸，纸张大小大约为 37 毫米×37 毫米或 50 毫米×75 毫米，民间通常叫它为"内飞"，内飞一般压入茶体内，有的深深埋入茶饼中，从饼面上只能看见内飞的一角。

茶品除了每饼放置一张内飞以外，每筒茶内还放置一张正方形或长方形的"说明书"，纸张大小大约为 102 毫米×125 毫米或 144 毫米×134 毫米，当时民间通常把它叫作"内票"。内票放在茶饼正面和外包装纸之间，体积较大，外包装纸较薄的饼茶，可以从外面隐约看见内票。

（二）"印级茶时期"普洱茶的包装设计艺术

20 世纪 30 年代后期，即 1938 年底，云南中国贸易股份公司（简称"中茶公司"）成立，标志着"印级茶时期"的开始。印级茶时期的主要茶品有"红印圆茶""蓝印圆茶"和"黄印圆茶"等。

印级茶时期普洱茶的设计印刷及外包装用纸，除了沿用传统手工土制绵纸以外，渐渐开始采用了一些机械抄纸，即机制纸。该纸与手工抄纸的重量、厚度基本一致，适合于大量生产，费用较低。

印级茶时期，普洱茶票号的设计及包装渐渐加入少量的艺术色彩，印刷技术已开始采用小规模的平压印刷机，实施单色机器印刷。外包装的平面设计十分简单，设计元素主要集中在茶品外包绵纸中央 30 毫米的美术体"茶"字上，周围环以八个 20 毫米的扁体隶书"中"字，设计创意俗称"八中茶"。外包绵纸"八中茶"的商标上方从右至左书写有繁体宋体字——中国茶业公司云南省公司，下方从右到左书写有繁体美术字——中茶牌圆茶，构成印级茶茶品简洁、大方的设计美学理念。

（三）"七子饼茶时期"普洱茶的包装设计艺术

20 世纪 60 年代中后期至 70 年代末，普洱茶的设计无风格可言，商标无头绪可循，包装也混乱不堪，印刷我行我素，人称这一时期是普洱茶包装文化的"战国时期"。"七子饼茶时期"的主要茶品有："绿印七子饼""黄印七子饼"等。

"七子茶时期"普洱茶的设计印刷及包装的外包装用纸，主要为国产的牛皮纸，这个时期是普洱茶包装设计艺术的苍白时期，普洱茶外包装的颜色基调都打上了红色的印记，茶品的设计风格大致与"印字茶时期"相同。譬如，景谷茶厂于20世纪70年代生产的"景谷砖茶"，就是"文革"时期的一款代表茶品。茶的外包装上印有工厂、浓烟、卡车、厂门和一芽二叶的平面设计图案，让人一看就是"文革"时期产物。

（四）"改革茶时期"普洱茶的包装设计艺术

20世纪80年代为"改革茶时期"，这一时期的主要代表茶品有：压凸烫金套印的代表性茶品——普洱方茶、盒装普洱茶（"茶号"为Y562的"小黑盒"）等。

改革茶时期，普洱茶的设计印刷及包装的外包装用纸，除了沿用传统手工土制绵纸以外，也开始使用一些现代包装材料，如硬纸箱、袋装和盒装，硬纸外包装也很流行。

改革茶时期，普洱茶的印刷及包装都添加了一些视觉艺术元素，印刷技术也采用了压凸纹印刷和浮雕印刷。这一时期，在茶品的平面设计方面加入了一些中国古代文化元素，如"小黑盒"就是第一次将中国古代文化元素吸收到了普洱茶的包装设计艺术中，其表面装饰有战国时期的龙图案，盒面黑白色彩映衬，给人一种历史厚重的视觉冲击力。小黑盒自问世后便一炮走红，成为当时云南普洱茶出口的主打产品。

（五）"现代茶（当代茶）时期"普洱茶的包装设计艺术

20世纪90年代至今为"现代茶时期"。此时，普洱茶无论从设计上还是包装上，在其制茶史上都是前无古人的，真正步入了现代茶叶包装设计艺术的新时代。这一时期的主要代表茶品有："班禅"紧压茶、"大益"七子饼、"松鸽牌"沱茶和"鸿庆号茶王"七子饼，等等。

现代茶时期，普洱茶的设计印刷及包装，都注入了很多的时代特征、企业文化和现代艺术元素，设计多种多样，包装琳琅满目，印刷光彩夺目，茶品的包装印刷及包装用纸仍保持着传统的手工绵纸，一些散茶开始采用无毒塑料袋和硬纸盒包装。有的高级茶品外包装还采用了彩色塑料、工艺美术纸、金属铜版纸、紫砂陶罐、纤维布料、竹木制品等现代包装材料。印刷技术仍保持着传统的单面或双色印刷工艺，同时也采用了高保真彩印法、自动套准彩印法等彩色印刷。

科技在发展，普洱茶的内包装用纸也越来越走向高端，但普洱茶产业和品茗者渴求返璞归真，回归自然，还普洱茶自然之貌。纳西族古老的东巴纸，韩国、日本等手工纸业发达国家的进口绵纸等深受普洱茶商家的青睐，成为当今普洱茶包装材质的时尚之选。

三、普洱茶包装的类型

普洱茶的包装依品种、销路和对象的不同，有多种类型。主要有藏销茶包装、紧压茶包装、出口茶包装和内销茶包装四种。

（一）藏销茶包装

藏销茶包装，顾名思义，此类型主要适用于入藏的大宗茶品的包装。由云南思茅地区的产茶商制作后卖给藏族同胞，每七个茶饼包入一个竹箬筒内，每十五筒放入一个驮篮；驮篮形状长方有别，大小不同；两篮为一担称"平担"，驮篮内部四周衬以竹叶、笋叶。篮口用藤片绑牢固，与"圆茶""砖茶"的装法相同。

驮篮、竹笋叶、藤片、扎蔑竹丝等包装费用，每担为五六角钱。运经缅甸再转运至西藏的"紧压茶"，待到达仰光之后，必须再加裹麻包，并在上面标记牌号，再送交船运，也有在景栋或瑞仰等地就须加缝麻包的，运达加嶙崩（Kalimporg）之后，还需再用牛羊兽皮之类再加包，才能安全运入西藏，这种包装费用颇高。

（二）紧压茶包装

1967年以前，包装多以驮篮为主，驮篮四周以绳索包扎牢固，挂实标签，内部衬以笋叶。自1967年云南景谷茶厂改制砖片紧压茶，开始分为内外两层包装，内层包装以 80 克重的牛皮纸包裹，五块砖片为一包，牛皮纸外部以细麻绳扎成十字形。外层以竹片花篮内衬笋叶，将小包装装入其内，每篮可装 24 小包，共计 120 块砖片紧压茶，驮篮外部以绳子直、横二道儿封口，贴附标签，每篮重达 30 千克，此包法一直持续有十多年之久。直至 1980 年，驮篮包装才改为硬纸箱包装。

（三）出口茶包装

出口茶品的包装规格有袋装和盒装两种类型。1985 年以前，一直沿用麻袋包装，以后就改用编织袋包装，每袋重达 30～40 千克。盒装的材质多为硬纸板，大箱内套装有小盒。每小盒重 100 克。每箱可达 16 千克，箱体外部刷以唛头（商标）、茶号、单位名称、规格等，作为厂家产品的标识。

（四）内销茶包装

内销茶包装依品种不同有小包装与大包装之分，小包装按各种花色称重后定额装盒，其外部用透明玻璃纸封盒；大包装有专用纸盒，内衬塑料薄膜，也是称重后定额装盒，外部以塑料袋捆扎直、横二道儿，且标明茶号、品名、净重、批号等，每箱重量统一。

随着人们生活水平的提高及供人们相互交往的需要，20 世纪 80 年代初，有少量名优茶采用金属制造茶盒包装，供人们作为礼品互相赠送。但大宗产品仍沿用麻袋、绵布包装。至 80 年代后期，大部分都采用了无毒塑料食品袋和纸箱包装。而名优茶除用金属盒包装外，还采用彩色塑料包装袋、彩印纸盒、土陶、竹、木工艺美术制品等包装，形式多样。

目前，普洱茶的包装技术还处于实验和发展阶段。如何抓住这个机遇，使普洱茶的包装多样化，以更好地满足不同地区的运输要求，是每一个普洱茶制造厂家所面临的现实问题。随着普洱茶功效不断地被开发出来，对普洱茶有需求的人越来越多，区域范围越来越大，普洱茶的包装所肩负的功能也越来越多，发展其智能化包装是历史的必然。

第四节　普洱茶的贮藏

早在 19 世纪，茶人对普洱茶品质的提高和保管就有研究，如《普洱茶记》中记载的"气味随土性而异，生于赤土中杂石者最佳""种茶之家，芟锄备之，旁生草木，则味劣难售"等内容。这说明对茶叶品质的要求，早在栽培时期便有讲究。对于保持普洱茶的品质，古人也有"或与他物同器，则杂其气而不堪饮矣"的警语。由此可知，普洱茶如何贮藏是茶人所不可忽略的一个方面。

茶叶是疏松多孔的干燥物质，收藏不当，很容易发生化学变化，引起变质、变味儿等。普洱茶也不例外，但因其与众不同的"渥堆"加工工艺，又使其具有耐贮藏的独特性：一方面表现在经过一定时间的自然发酵，普洱茶品质会得到提高（后熟作用）；另一方面就是随着品质的提高其价值也会得到提升，越是年代久远越是稀少，价值也越高，被称为"能喝的古董"就是这一点最好的说明。所以说普洱茶具备饮用性和收藏性的双重功能。

随着普洱茶功效不断被认识，喜爱普洱茶的人越来越多。受"普洱茶越陈越香"的影响，有许多喜爱普洱茶的人都想妥当地收藏一些普洱茶，希望一定时间后其品质能够得到提高。作为个人消费可以享受陈年普洱的独特韵味，作为商品可因其升值而获利。

对普洱茶而言，仓储是普洱茶加工过程中的关键一环，它已不仅仅是贮藏，而是为向好的陈化方向转变的重要步骤。消费者在购买普洱茶后至饮用普洱茶之前也有一个贮藏保管的过程，尤其是在妥善贮藏后普洱茶在一定时间内品质更优，促使普洱茶的贮藏成为一种时尚。茶叶是一种保健食品，为保证其功效的正常发挥，应科学贮藏。

一、品质形成与贮藏环境因素的关系

茶叶的品质与茶叶中的主要化学成分，如茶多酚、茶色素、可溶性糖、氨基酸等密切相关，这些化学成分在贮藏过程中的变化左右着普洱茶的色、香、味。

（一）茶多酚的变化

茶多酚是从茶叶中提取的一种天然多酚类复合物，占茶干重的四分之一左右，是茶叶苦涩和浓淡滋味儿的主要呈味儿物质。它的变化与茶叶贮藏时间、贮藏温度和含水量有显著关系。随着温度的增高、湿度的增加，茶多酚的自动氧化、聚合的速度会加快，且随着贮藏时间的延长，其氧化聚合程度更深。

茶多酚氧化程度的高低决定着茶多酚总量在茶叶中所含的比重，茶多酚总量在茶叶中所含比重的不同形成了普洱茶不同程度的醇厚、回甘、生津等滋味儿特点。尤其是儿茶素的减少，使茶叶的苦涩味儿改变最为明显。有关研究表明，自然贮存10年的普洱散茶，茶多酚减少为13.94%；贮存20年的普洱散茶，茶多酚减少更多，仅为8.98%。

（二）茶色素的变化

茶叶中的茶色素主要指茶多酚的氧化产物茶黄素、茶红素、茶褐素，它们是普洱茶的主要呈色物质，随着普洱茶存放时间的延长，茶褐素不断积累增多，茶汤色就会由红亮加深直至呈红褐色。

（三）可溶性糖的含量变化

可溶性糖类是形成普洱茶醇甘味道的重要物质。在普洱茶的贮藏过程中，随着茶叶的含水量及贮藏温度的变化，可溶性糖的含量发生明显的变化。总的来说是普洱茶储存时间越长，其可溶性糖类的含量越高，因此，冲泡出来的茶汤的甜味儿也会相应加重。

二、普洱茶的贮藏条件

（一）流通的空气

众所周知，流通的空气中含有较多的氧气，氧气增多会加快茶叶中一些微生物的繁衍和内含物质发生变化，进而影响到茶叶的品质，故不能将普洱茶挂置在通风的阳台上，否则，茶气就会被吹走，茶味儿被吹散，饮用起来感觉淡然无味。但也不是说要将茶叶放在密不透风的封闭空间里，最好存放在有适度的流通空气的房间里。

（二）恒定的温度

普洱茶放置地点的温度不可太高或太低，应以当地环境为主，不要刻意地人为设置温度，正常的室内温度就可以，长年保持在 20℃～ 30℃为最佳，温度过高会加速普洱茶的氧化（普洱茶变质就是茶叶过度氧化的结果），过低又会阻碍普洱茶的自然陈化（这与其他茶叶贮藏时要持续低温不同）。所以合理控制温度是形成优质普洱茶的重要条件。但要注意，无论什么时候，普洱茶都不可被太阳直射，置于阴凉处为好。

（三）适度的湿度

太干燥的环境会使普洱茶的陈化过程变得缓慢，所以应有一定的湿气。

在过于干燥的环境里存放时，可以在普洱茶的旁边放置一杯水，稍微增大空气的湿度，但要注意湿度适当，因为过于潮湿的空气会导致普洱茶的快速陈化，以致引起"霉变"，令茶叶不可饮用。湿度应人为地控制在年平均75%以下，切忌高于75%。由于沿海一带为温暖的海洋性气候，在梅雨季节湿度可能会高于75%，所以梅雨季应注意及时开窗通风，疏散水分。

（四）单一的气味

茶叶十分容易吸附味道，所以贮藏普洱茶时要远离其他气味浓厚的物品，如香皂、蚊香、樟脑丸等。另外，也要注意周围环境不要有异味，否则茶叶是会串味儿的，神龛、厨房、浴室等都不可以作为普洱茶的储藏地。放入茶叶之前，可以先撒一把干燥茶叶，吸收空气中的异味，再把要贮藏的茶叶放于内。

三、普洱茶的贮藏方式

普洱茶的贮藏方式按环境的干燥度、茶叶的含水量及作用时间可分为干仓贮藏法和湿仓贮藏法两种方式。

（一）干仓贮藏法

干仓贮藏法是云南传统的贮藏方法，是指普洱茶熟化后放置在相对干燥的周转仓使其缓慢地自然陈化的一种贮藏方式。该贮藏方式是利用了云南独特的地理优势、气候条件，形成"爷做孙卖"的子子孙孙循环往复的普洱茶文化。

经自然陈化的干仓贮藏的普洱茶具有干茶结实有光泽、叶底活性柔软、汤色栗黄或深栗色、新鲜自然等特点，但干仓普洱茶的自然陈化需要的时间较长，往往因时间太长而不能满足普洱茶日益增长的市场需要。

（二）湿仓贮藏法

随着普洱茶的消费量与日俱增，传统的干仓贮藏法因所需时间较长而不能满足人们的需要。为了解决这个问题，缩短贮藏陈化的时间，同时达到传统普洱茶的品质特点，采用湿仓加速其陈化就应运而生。

这种贮藏法的重要环节就是在仓储环境中增大湿度、提高温度，营造适合自然微生物的生长环境以作用于普洱茶。按其水分加入量和作用时间的长短，湿仓贮藏的普洱茶又分为重度湿仓普洱茶、中度湿仓普洱茶和轻度湿仓普洱茶三种。湿仓处理最大的特点就是仿老茶的做法消除普洱茶的苦涩味儿，这是普洱茶中多酚类物质的氧化、降解或聚合的结果。

普洱茶贮藏时间的长短，决定了其化学成分——茶色素的形成。干仓自然陈化的普洱茶，富于浓厚的乡土文化底蕴。湿仓普洱茶也有一定的市场，因发酵时间短满足了消费者寻求口感刺激的老茶风格。

云南由于地理、气候的特点，形成了一个天然的干仓。消费者在购买到人工发酵的普洱茶后可以进行自然干仓陈化。若想加快茶的陈化，可以根据具体情况，控制好温度、湿度，进行湿仓处理，以达到理想的普洱茶品质。

四、普洱茶贮藏注意事项

（一）普洱茶最好在干仓中贮藏

普洱茶可以根据各人不同的口味选择不同的贮藏方式，但最好选择干仓贮藏，因为干仓贮藏不涉及温度、湿度的控制，不会发生因温度、湿度控制不好而使茶叶发霉的现象。

虽然说干仓贮藏茶叶转化较为缓慢，但能保持普洱茶的真性与纯性。湿仓贮藏的温度、湿度掌握不好就会使茶叶发生霉变。宋朝蔡襄在其所著的《茶录》中有记载："茶喜箬叶而畏香药，喜温燥而忌冷湿。"

（二）温度不可骤然变化

若贮藏仓内温度过高，温差变化的幅度过大，将会影响茶汤给予口感的活泼性。因为在温度太高、太闷的环境中，如同将茶品放回"渥堆"的环境中，会将原本的普洱生茶变为普洱熟茶，这种情况在香港的茶库里时有发生。

（三）注意包装

为了便于普洱茶贮藏过程中化学成分的变化，应使用透气性能好的包装材料且采用通风手法进行包装。

（四）注意普洱茶的寿命

普洱茶的贮藏寿命，到底是五十年、一百年抑或是数百年，没有定论资料，往往仅靠品茗者的直觉来判断其陈化的程度。但可以确定一点，普洱茶的陈化不是无限期的，在一定期限内的确会越陈越香，如超过时限，内含化学成分过度氧化，茶的品质就会走下坡路。

在普洱茶的贮藏中值得注意的是，当它的品质特征已经达到最高点时，必须像其他茶类一样加以密封贮藏。如果仍把已陈化好的普洱茶继续存放在原有的条件下，就会造成茶性逐渐消失，茶味渐渐衰退。普洱茶陈化成熟后应将其转移到较干燥的环境中继续存放。

（五）其他注意事项

除了上面所说的四项外，储藏者还应注意一些细节，如用以贮藏的普洱茶不应装罐、不烘烤、不冷冻；新老茶品、生茶熟茶间杂堆放，以老促新；定期翻动，使其陈化均匀，等等。

　　总之，普洱茶经"渥堆"发酵后，还有一个缓慢的后熟过程，才能逐渐形成普洱茶特有的陈香风味。根据这个特点，普洱茶在包装成件后，必须放置于清洁通风的仓库内，让其自然陈化，以利于后熟作用的顺利进行，形成原生态的普洱茶。对于人工发酵而成的普洱茶，最好采用空气流通、湿度较小的方式贮藏。

第五章　普洱茶的品鉴与冲泡

第一节　普洱茶的品鉴

一、普洱茶品质简介及茶树分类

判断普洱茶的品质好坏，有七大要素：品种、土壤、气候、茶园生态、树龄、制茶工艺和储藏。

普洱茶分生茶和熟茶。

普洱生茶，是指以云南大叶种茶青制作的晒青毛茶为原料，经过加工整理、修饰形状的各种云南茶叶（饼茶、砖茶、沱茶）的统称，又被称为"传统普洱茶"，是制造普洱熟茶的原料。普洱生茶由于没有经过人工快速发酵处理，耐储藏性较好，早期较多地保存了晒青毛茶的品质特性；其香气主要表现为荷香或清香中透着青草气味，滋味浓烈，呈金黄色茶汤。随着存放时间延长，茶品陈化加深，有青草味的低沸点香气物质转化消失，香气越来越醇正，陈香彰显，苦涩味减淡，汤色加深变成红褐色。

品质好的普洱生茶的外形白毫显露，墨绿油润，茶汤金黄色，滋味浓烈。再则就是看茶底，看泡出来的叶底完不完整，是不是还维持柔软度。如果是茶饼也要注意是否内外品质如一，而不是那种好茶在外茶渣在内的"盖面茶"。

根据普洱茶"云南省地方标准"，判定普洱茶的基本品质，必须符合下列条件：品质正常，无劣变，无异味；普洱茶必须洁净，不含非茶类夹杂物；普洱茶不得着色，不含添加剂；普洱茶饼的外形要平滑、整齐、厚薄匀称等。

普洱熟茶是经过人工渥堆发酵的，是在生茶基础之上的再加工茶。

鉴定普洱茶品质不要看普洱茶原料，看原料要先看树。

千年以上的古茶树极其稀有，野生的古茶树，一般胸径 50 厘米、胸围 160 厘米、树高 15 米以上。千年以上的古茶树叶大、粗壮、叶脉鼓出，叶缘锯齿深，叶脉 9～16 对，与现代茶园栽种的大叶种叶脉（6～9 对）完全不同。持嫩度高，一芽两叶，一般重 0.5～1 克，是一般古树茶的三倍重。其汤色绿黄，香气清爽，略带野生茶特有的腥味，与栽培型茶树香气截然不同，水溶性果胶丰富，几乎无苦涩味，满口润甜，回甘极其绵长持久，功效与作用最为明显，但价格也极高。具体分五大类。

（一）大茶树：树龄 500～1 000 年

大茶树一般都是该茶园树龄最老的几棵或是最大的茶树王，云南滇南茶区的茶农，把树高 5 米以上，难以采摘的栽培型古茶树叫作大茶树。通常，大茶树胸径 30～50 厘米，胸围 100～160 厘米，树高 5～15 米，树龄多在 500～1 000 年。用大茶树嫩芽做的晒青绿茶叫作大树茶。茶树树龄越大，生态环境越好，口感就越协调，水溶性果胶、树脂含量就越高，口感就越温润。

（二）原生态古茶树：树龄 300～500 年

由于地表植物未被除去，所以茶园生态良好，尽管树龄很大，但茶树未见衰老迹象的原生态古茶树，大多数胸径 10～35 厘米，胸围 35～110 厘米，树高 3～6 米，树龄多是三四百年，所制晒青绿茶芽叶粗壮，多数叶脉 9～16 对，果胶质丰富，口感甜润，微苦微涩，苦涩感在口腔内停留时间很短，有几秒钟。

（三）生态古茶树：树龄 100～200 年

由于大量地表植物被除去，采摘频繁，很多生态古茶树有衰老迹象。这种生态古茶树大多数胸径 10 ～ 25 厘米，胸围 35 ～ 80 厘米，树高 2.5 ～ 4.5 米，树龄多是一二百年，所制晒青绿茶芽叶粗壮，多数叶脉 9 ～ 16 对，果胶质丰富，口感甜润，弱苦弱涩，苦涩在口腔内停留的时间短，有十几秒钟，与树龄更大一些的原生态古树茶较难区分。

（四）树龄 60 ～ 100 年

种植于 1912 ～ 1949 年，大多数茶树胸径 5 ～ 15 厘米，胸围 15 ～ 50 厘米，树高 1.5 ～ 3 米，树龄 60 ～ 100 年，所制晒青绿茶，芽叶较为粗壮，多数叶脉 9 ～ 16 对，果胶质丰富，口感甜润，有点苦涩，苦涩在口腔内停留的时间不长，有几十秒钟，与古树茶有些难以区分。

（五）树龄 35 ～ 60 年

普洱茶的功效与作用明显不足，多为 1949 ～ 1976 年种植的茶树，树龄是在 35 ～ 60 年，大多数植株树高 80 ～ 120 厘米，每亩 1 500 ～ 2 000 株。所制晒青绿茶芽叶不甚粗壮，苦涩在口腔内停留时间长，口感的协调性比台地茶好，比古树茶差。

二、普洱茶的撬茶工具

撬茶工具通常分为茶刀、茶锥两大类，如图 5-1 所示。

图 5-1　茶刀和茶锥

茶刀外形与刀相像，呈扁平状。茶刀通常用竹子、动物骨头、不锈钢和一些特殊金属做成，结构包括带有刀柄的刀体及刀鞘，利用刀体前端的尖刃可顺利地插入茶饼内，以此沿被切轨迹重复上述方法，这时只要轻加外力，即可实现茶饼的分离。

茶刀适合解开压制不紧或者用料较为粗老的砖茶、饼茶、沱茶。选择茶刀时，宜挑选刀身较薄，顶部不太尖的那种，因为太厚的刀身不容易插入茶饼，太尖或者是有刃口的刀容易伤到自己的手。

茶锥一头尖锐，用于解散紧茶的工具，因造型锥状，故取名"茶锥"。茶锥大多以金属材料为锥杆，配以多样化材质的手柄。

由于采用了呈圆锥状锥杆并在其前端设置了锥尖，当需要切制普洱茶时，利用锥体前端的尖刃可顺利地插入紧茶内，而后通过圆锥部分的张力在紧茶上形成一个锥孔，以此沿被切轨迹重复上述方法，便可形成一个线性孔，这时只要轻加外力，即可实现紧茶的分离。

三、解茶工具的使用

选择工具时，压制很紧的茶饼用茶锥，压制不紧或者用料较为粗老的砖茶、饼茶、沱茶可以用茶刀解茶。

使用茶刀时，首先用茶刀从茶饼的边缘插入，稍微用力将茶撬松，把茶刀再往茶饼里推进去些，这样不会把茶饼撬得很散碎。

注意插入的角度要和饼面保持平行，而且要尽量靠近茶饼的表面，撬松后再拔出茶刀从相邻的地方再次插入茶饼，将茶轻轻地拆开来，而不是掰开。

解饼之前，可以用手沿茶饼边缘撸一圈，使松散的边缘条索先脱落下来。在茶饼边缘找个合适的缝隙，茶刀从茶饼的边缘插入，稍用力将茶撬松。注意，插入的角度要和饼面尽量保持平行。

使用茶锥时，从茶饼或者茶砖的侧边插入，向里或者往外撬。茶饼和茶砖都是一层层压制的，茶锥的作用是"解开"茶饼，通俗而形象的说法是"剥茶"，把茶剥下来，不是砍，不是切，更不是剁。用茶锥最大的一个好处就是剥茶时可以最大限度地减少在解茶饼过程中的碎茶。

四、撬茶及解茶注意事项

（1）用力不要过猛，否则有可能因为茶刀滑开而误伤自己。初学者一定要坚持"针头永远朝外"的原则，避免伤到自己。手不要放在茶刀的前面，这样即使茶刀打滑也不会伤到手。

（2）扶着茶饼的左手，要尽量和茶刀插入的角度保持平行或者是小角度。

（3）解茶要顺着茶叶的间隙，要一层一层地将茶剥离茶饼，这样可以保持叶片的完整。

（4）不要贪多，撬茶的时候就该要有做女红的耐心和细心。

（5）时刻要"抽针重来"，因为茶叶在茶饼或茶砖里团结友爱地抱团成块，稍不注意，茶锥就会戳破，或者戳坏茶叶条索的完整度，撬下来全是碎茶，所以感觉不对就要拔出来。

（6）撬茶是个细致活，必须轻柔。喝茶是清雅的享受，要静心；撬茶，也要轻柔缓慢。

五、普洱茶的唤醒

将生普洱茶拿到开放的环境，大概半个月到一个月后把茶抽取拆开，拆开茶叶的时候沿着边转着来拆，轻轻撬动后，用抽取的办法分块。年代很久的茶饼，往往茶体已经松透，用手轻轻摇动或拨动，茶就会一片片散落下来；而年代近的茶，茶体还比较紧实，往往就要借助茶刀。对于茶饼或茶砖来说，从侧面入刀，可以轻松地将茶分开，而后再用手抽取，拆成约一泡分量的小块；沱茶通常压制得比较紧，可以从茶的中心处下刀，在抽取茶叶时，也要注意，不要将茶拆得太碎，过碎的茶不但容易堵塞壶口，还会因茶汁释放过快而影响冲泡时茶水的滋味和浓度的稳定性。

将茶砖、茶饼拨开后，暴露空气中两个星期，再冲泡味道更好。

冲泡普洱茶时，要先用热水醒一次茶，这对于普洱茶来说是不可或缺的程序。因为好的陈年普洱茶至少储存了十年左右，所以要用最了解茶的水来唤醒普洱茶。

从茶道的角度来说，每次冲泡一款茶叶，不管是哪种茶（包括绿茶），都要首先观察这款茶叶干茶时的状态，以决定是否需要醒茶，以及如何醒茶才能使这款茶叶达到适宜冲泡的最佳状态。

以水醒茶不是为了洗茶。不管什么茶叶，新鲜度很好的就不用醒茶，越陈的茶越需要醒茶。即使是绿茶、黄茶和白茶也需要醒茶，用水醒的方法最佳。

不同的茶醒茶的方法也不尽相同，冲泡黑茶、青茶、红茶的时候，其方法是从保存状态取出，放入冲泡器皿中，用100℃的沸水来醒茶；相对嫩度较高的绿茶、白茶、黄茶，醒茶方法是冷藏保存取出，放入高温烫过的冲泡器皿中，再用85℃左右的开水醒茶。

将壶温热后，把茶叶放进去，以温度适合这种茶的热水依内向外绕注，将茶叶打湿后，盖上壶盖，随即马上将水倒掉。这时茶叶吸收了热量与水分，原本干巴巴的茶叶变成了蓄势待发的状态。醒茶尤其适合焙火稍重或是陈年的老茶。

醒茶完成程度的掌握：在整个冲泡过程中，茶叶内在品质的表现有着决定性的作用，对后面的冲泡有着直接的影响，所以要注意醒茶程度。

六、普洱生茶的品鉴

（一）外形鉴别（干评）

外形因子包括条索、整度、色泽和净度四项。

1. 条索

条索是指各种成品茶所用茶青的大小、长短、粗细程度。通过看茶叶条索的外形，可以初步判断制茶鲜叶的嫩度和制茶水平的高低。

2. 整度

整度指茶样中茶叶个体条索的大小、长短、粗细的均匀程度和完整程度。

3. 色泽

色泽主要是指茶叶本身的颜色和光泽亮度。

4. 净度

净度是指茶叶中茶类夹杂物，如茶梗、茶渣等和非茶类夹杂物，如辣椒皮、干草、泥土、头发、编织袋等。

大体来说，好的普洱茶外形条索清晰、肥壮、整齐、紧结，无非茶杂物，色泽褐红（俗称猪肝色）或棕褐，油润有光泽；紧压茶（饼茶、砖茶、沱茶、瓜茶等）外形匀整端正，棱角整齐，模纹清晰，不起层，不掉面，松紧适度。如果闻起来有霉味或者其他异味，表面看上去模糊灰暗、有霉斑的普洱茶就是劣质茶叶。

（二）内质鉴别（湿评）

内质因子分为汤色、汤感、滋味、叶底和香气五项。

1．汤色

汤色即茶汤的颜色和亮度。普洱茶的汤色呈淡黄、黄绿、红浓、红褐、杏黄等颜色；汤色剔透明亮的茶叶才算品质较好的普洱茶。

2．汤感

汤感主要有涩（生津）、滑（顺滑）、化（苦味停留时间短而甘甜）、利（通常说的锁喉）、润（通常说的解渴）等几个方面。一款好的普洱茶，其汤感要滑顺，甘甜。滑顺是指茶叶鲜活稠滑，茶汤在嘴里有手摸丝绸的感觉；回甘是指茶汤入口以后回甜的感觉。

3．滋味

滋味包括酸、甜、苦、咸四味。通常甜味、苦味令人愉悦就属正常。酸味、咸味属于特例茶味，主要是地方风俗产生的。

4．叶底

冲泡多次以后的茶叶就是常说的茶底。看叶底主要是看老嫩、匀杂、整度、色泽的亮暗和叶片的展开程度。色泽饱满一致、揉捻有韧性、叶片张开较为完整的就算作好茶。

5．香气

嗅香气主要是闻香气中有没有杂味、霉味，香气的浓淡和香气持久的长短。普洱茶主要闻香气的纯度，区别霉味与陈香味。霉味是一种变质的味道，使人不愉快。陈香味是普洱茶在后发酵过程中，多种化学成分在微生物和酶的作用下形成的新物质产生的一种综合香气，好似桂香、枣香、兰香、樟香等，总之是令人愉快的香气。如有霉味、辣味、火烤味、闷味或其他异味则为劣质普洱茶。

（三）普洱茶特有的味道

大多数普洱茶的品茗高手都认为"无味之味"是普洱茶的顶尖极品。这可能与贮放陈化的年份有关，经过 100 年陈化的金瓜贡茶，对其评语是"汤有色，但茶味陈化、淡薄"。一些陈年普洱茶原本是圆饼形茶，由于年代过于久远，已经松开成散茶了，能冲泡出很强的野樟茶香，陈韵十足，茶气强劲，水化生津，却淡而无味。

七、普洱熟茶的品鉴

普洱熟茶看汤底：汤色具有通透感，明亮，无杂质，不浑浊。
普洱熟茶看汤色：汤色呈酒红、玫瑰红、琥珀红等颜色。
普洱熟茶闻香气：普洱熟茶的茶汤香气主要是糯香、枣香。
普洱熟茶品味道：茶汤糯感，滑润，醇厚，无异味。

（一）普洱熟茶的不同年份

1．3～5 年熟茶

生产压制成型后 3～5 年这个阶段的茶在市场上占有相当大的比例。

香、甜、醇、厚、滑这五项指标中，"醇"（亦即纯净，杂味少甚至没有）应该是排在第一位的，只是因为好念好记才放在了后面。大多数人接触普洱茶从熟茶开始，接受普洱茶者大多因为其"醇"，所以一款熟茶是不是"醇"非常关键。普洱茶的"醇"是靠渥堆、起堆后的存放以及散堆而形成的。甜和原料有关，"香""厚""滑"似乎是一体的。所谓"厚"往往被理解为像一种喝了薄薄的粥（或者藕粉）的黏稠感觉，也可以认为是茶所浸出的内含物质较丰富的原因。"厚"一般是"滑"的基础，同样也是造成"香"的原因。从实际情况来看，渥堆完成后，散堆 1～2 年再压制成型的茶似乎也能达到 3～5 年的口感效果。这个阶段的熟茶中，市场占有量最大的，应该是勐海产熟茶，即渥堆车间安排在勐海县境内、利用勐海县特有的气候条件及适宜的微生物菌群，再加上当年勐海茶厂的工艺和生产经验所生产的熟茶。勐海产熟茶，以重发酵见长，即发酵度达到七成以上，并经一段时间（一般半年以上）散堆后形成所特有的"焦糖香""蔗糖香""枣香"的依次排列，喝起来愉悦感很强，只是这样的好茶并不多见。

2．8～10 年熟茶

生产压制成型后 8～10 年，大概从第五年开始，勐海产熟茶的"焦糖香"

逐渐消退，代之以微弱的"熟米香"，也有人称为"糯香"。到 8～10 年的时候，"熟米香"占主导地位，熟茶的厚度、滑度与年份感会比较明显（厚度、滑度出不出得来能体现出茶的好坏）。当初做茶时快速高温烘干的痕迹基本消退，喝上去不再觉得口腔发干了。

3．15～20 年

生产压制成型后存期在 15～20 年以上的熟茶，分为南方仓储（广东、香港、台湾）和云南仓储两种情况。云南仓储出来的茶，一直到 1994 年生产的茶如今都还没有一点参香、药香，但"熟米香"越发加重，口感醇厚，比较诱人。同期南方仓储的熟茶在这个阶段一般都出现了参香和微弱的药香，但离五项指标及其均好性（协调一致性）还有差距，能泡出好效果、有愉悦感的茶不多，容易被人诟病。

4．20 年以上

生产压制成型后 20 年以上，放仓退仓到位，五项指标及其均好性皆好，药香显化感十足，愉悦感很强。这个阶段的茶少而价高，可遇而不可求，被称为"古董茶"，很难接触到。

（二）普洱熟茶的几种味道

1．水味与火味

制作普洱熟茶有很多环节，而正是这些加工环节使普洱熟茶本身带有火味和水味。水味就是喝茶的时候茶水分离，在茶味中有水的味道。火味就是喝茶的时候身体感觉到燥感，主要是口腔和喉咙，在这里，火即燥。

普洱熟茶水味是如何产生的？第一是因为普洱熟茶必须要洒水发酵，而且是长则 90 天，短则 20 多天的水参与发酵，发酵完成后初步制作成普洱散熟茶。第二是因为普洱茶散熟茶制作成紧压茶的时候需要洒水回软。第三是因为紧压茶的时候需要再过一遍蒸气（消毒、回软），然后紧压，初步制作成普洱熟茶紧压茶（饼、砖、沱等形状）。

普洱熟茶火味的产生，第一是普洱茶散熟茶制成时的干燥，第二是普洱茶紧压熟茶制成时的干燥。现在正规的普洱茶工厂都有配套的干燥设施，随着工业的发展，普洱熟茶采用的干燥方式大多是烘干。

正常情况下，普洱熟茶的水味和火味就是以上这些情况造成的，但在非这些情况下，也会造成普洱熟茶的水味和火味。

（1）储存的时候受潮了，再通过干燥技术干燥后，这种茶的火味会比较明显，不管放多少年，很难去掉，喝后喉咙会非常不舒服。

（2）存储的普洱熟茶仓库湿度较大，长期储存后，滋味会变得寡淡，这时候茶叶含水较重，会出现水味。

（3）冲泡普洱熟茶的时候过于淡，也会出现水味。新茶才生产出来的时候，也会出现水味和火味，但正常生产的熟茶在存储干燥的情况下，水味和火味会随着时间慢慢消除。

2. 堆味

熟茶渥堆发酵所产生的特殊味道，不同的地区会产生不同的风格（即使采用同种原料），传统国营厂时代的三个大厂——勐海、下关、昆明正是三种发酵风格的代表。一般而言，新制熟茶堆味最重，经过长时间陈化堆味会逐渐逸散。

强调一下，它不是鱼腥的味道。

3. 仓味

仓味与堆味有区别，是指渥堆发酵程度不同，同样的发酵菌种（黑曲霉）产生了不同的产物，从而使得茶品呈现的味道不同。现今，市场非常流行干仓茶。但市场上也有不少用"湿仓"概念来造假的老茶，这种行为是极其不道德的。

4. 熟茶特有的糯米味

熟茶在发酵得宜、散堆到位且经过一定时期仓储后，会产生近似糯米香的味道，它是蛋白质类物质以及淀粉类物质已经转化为人体可吸收的淀粉类物质后才有的口感。

5. 熟茶的陈香

普洱茶在发酵过程中，以茶多酚为主的多种化学成分在微生物和酶的作用下，形成新物质所产生的综合香气，主要表现为陈香。陈香并不是发霉的味道。陈香一般还伴有果香，如桂圆香、槟榔香、枣香、藕香、樟香、米香等，就是不可以有发霉的味道。

6. 汤色

（1）红艳。汤红艳，但不够明亮，是熟茶发酵程度较轻的表现。观察叶底，多呈暗红透青绿，滋味往往较苦涩。

（2）红亮。茶叶汤色不甚浓，红而透明有光泽，称"红亮"；光泽微弱的，称"红明"。观察叶底，多呈暗红微黄，滋味较"酽"。

（3）红浓。汤色红而暗，略呈黑色，欠亮。观察叶底，多呈红褐较柔软，滋味较醇和。

（4）红褐。汤色红浓，红中透紫黑，匀而亮，有鲜活感。观察叶底，多呈褐色欠柔软，滋味较醇和。

（5）褐色。茶汤黑中透紫，红而亮，有鲜活感。观察叶底，色多呈暗褐而硬，滋味较醇和。

（6）黑褐。茶汤呈暗黑色，有鲜活感。观察叶底，色多呈黑褐质硬，滋味较醇和。

（7）黄白。茶汤微黄，几乎接近无色。观察叶底，色黑而硬，脆似"炭条"，滋味平淡，是发酵过度已经"烧心"的普洱茶。

八、普洱茶的选购

（一）选购的"四大要诀"及"六不政策"

和绿茶、红茶等茶叶的挑选来比，普洱茶的选购涉及方面更多，比如生普还是熟普、干仓普还是湿仓普、新普还是陈普等，所以其选购很具挑战性。但其总的大原则是一样的，在购买前，最好能多看、多品、多学、多掌握一些茶学知识。根据茶友的一些选购经验，我们总结出了选购普洱茶的一些技巧，归纳起来为"四大要诀"及"六不政策"，具体如下。

1. 四大要诀：清、纯、正、气

要诀一：清闻其味儿。不论普洱茶品的生熟、干湿仓、新陈、形状、价格，首先要闻其茶味儿。在陈化发酵数十年之久后，茶身一定会带有陈年老味儿，但老味儿不等于霉味儿，茶史再久也不应该有霉味儿产生（闻有霉味儿则代表着贮藏不当，其茶品必受损）。所谓"陈而不霉"，是指陈年积留的老味儿会在拆开茶身之后的"醒茶"过程中，老味儿因会通风而散去，而霉味儿是因茶的品质变坏，由内而外受潮发霉所散发出来的异味儿，其霉味儿会"久醒而不去的"。

如此说来闻其味儿是很重要的，假若存放50年的茶闻起来又霉又不自然,那么即使放到 100 年,其价值也不会"连城"。因此在选购时,一定要把握一个原则,宁愿买年轻的茶慢慢存放着喝,也不要买老但难喝的茶品。

要诀二:纯辨其色。普洱茶品在未冲泡之前,一定要先闻闻看,是否有干净、清味儿(没有异味儿或霉味儿)。接下来就是泡泡看,当普洱茶品在正常环境下存放 30 年、50 年,甚至 100 年,茶汤的颜色也绝对不会变黑或散发出怪异的味道。

当今很多的消费者大都会在心底存有一种错觉,就是普洱茶存放久了,其冲泡的茶汤颜色一定会变黑或转成墨色,其实真理并非如此。普洱茶自古就有"越陈越香"之说,普洱茶陈放发酵后,冲泡之后的茶汤汤色会由淡黄转成枣红,存放时间越久其茶气会越强越浓,且茶汤表面略带油亮光泽,绝不会变成黑黑的颜色。

新制作的普洱生茶在冲泡时,新鲜富弹性,汤色呈金黄色,入口时略有苦味儿或涩味儿。普洱生茶就是需要时间来等待其内部化学成分发酵氧化,利用空气中的水分及空气环流而产生氧化、聚合反应,陈化时间越久,其刺激性就会越低,茶的品质就会越醇和。

普洱茶的好绝非偶然,也并非年代或标价所能知晓的,因此切勿轻信商家的介绍,喝得好喝,喝得舒服,喝得没压力,才是真的好,才考虑购买!

要诀三:正存其位。不偏不倚谓之"正"。普洱茶一经制作成成品后,最重要的就是陈放环境与时间长短,在普洱茶的广大消费群体里,很少有人会去真正地关心了解茶的陈化环境与陈化发酵的时间,因为茶品的陈化时间并非三年或五年就可达到醇和浓厚的品质的,至少需要花 20 年到 30 年的时间,才会达到好喝的境界;若要真正称为"陈普",达到接近完美、无与伦比的境界,则至少需要 50 年以上的贮藏时间(注意要在干净通风的空间妥善存放)。

若是在地下室或不通风潮湿的处所存放 50 年甚至是更长时间,不论是生茶还是熟茶,都是无价值可言的,反倒是时间越长,茶品霉变越严重,越无品质可谈。"正"还指心态要摆正。茶是用来喝的,在入门初期,选购普洱茶时千万不必顾虑太多因素。经过知识和经验的积累,达到一定程度时,可以尝试购买一些陈年茶品,感受一下陈年普洱的韵味。

要诀四:气品其汤。"茶气"对大多数的品茗者来说,是很含糊的一个概念，但也是普洱茶最主要的特色之一。一般人认为"茶气"就是指茶气味儿的浓淡、轻重、薄厚等，其实不然，"茶气"是有内涵的，是茶的精、气、神和人的精、气、神的融合。

如果有人说"这道茶茶气较强"，大致上可以从以下几个层面去理解：一是指茶香很强；二是指茶汤很浓；三是指茶叶中所含的成分很足，茶汤的口感很酽；四是指茶叶中所含的成分很重，苦、涩味儿很强。

2. 六不政策

一不盲目追求年份。之所以错误地以年代为标杆，是因为年代往往决定着茶品的价钱高低，因此，多是为了想多卖些钱，也顺便让客人可以在表面放心，自我安慰自己品茗功力及采购实力，谎报年代等。普洱茶收藏者李国勇曾告诉记者说，其实存放20年以上的普洱茶目前市场上已经很少了，三四十年以上的普洱茶更是罕见。

对普洱茶来说，年代越久越好（因为普洱茶有"越陈越香"之说），但"越久"指的是仓储地点合适，仓储时间适可而止，而不是在潮湿空间存放的"老"普洱茶及氧化过度的普洱茶。

有人认为年代越久越值钱。其实不然，20世纪70年代故宫收藏百年的"人头"团茶经过泡饮鉴定，发现该陈茶只有暗红的汤色，茶味儿全无。这是由于年份太久，茶叶"陈化"过度了。所以说，年代只能作为购买时的参考条件之一。

二不认为发霉的普洱茶才是好的。现今，饮用普洱茶的人越来越多，但一些初入门者大多数都不懂茶，一般以茶饼外包装、品牌、颜色等来判断普洱茶的质量，甚至有人受"普洱茶越陈越香"理论的左右，错误地认为，只有茶饼上长了厚厚一层毛、发霉的才是好的普洱茶，其实并非如此，消费者在选购时要擦亮自己的眼睛，切勿花过多冤枉钱而买到霉变无法饮用的劣质茶。

三不以伪造包装为依据。包装只能作为参考，在选购时，我们要睁大眼睛，明辨真伪，绝不视茶的外包装为判断的唯一依据。因为科技的进步，印刷技术的发展加上人为有意造假等情形使人难分真伪。那么，茶的生产工序及生产包装依据要如何追根究底呢？听价钱不失为一种捷径，将价钱、年代、包装三因素对照，看是否合理。如果年代、价钱、包装没有逻辑关系或报价不合乎市场行情，试问：聪明的您还会买吗？

四不以汤色深浅的为借口。颜色最易造假，冲泡时间长短、投茶量多少都可改变茶汤颜色。基本上，只要生茶干净、通风佳的陈放空间，其所发酵的茶品，就算放上50年或100年，茶的汤色依然不可能变黑或变深枣红色，绝对是油光十足、色金黄转枣红才对。

有些茶商就是在冲泡上用些小技巧来弥补茶汤的不足，如投茶量少一点儿，出水时间快一点儿，如此一来即能多少"盖"过去一些茶品的缺点。切记真理只有一点，就是越陈越香，越泡越好喝，茶的汤色是极富生命力的，而不是闻之杂味儿久久不退，喝之喉头不悦之怪现象。

五不只根据味道来评判。所谓味道，就是用闻香的方式体会判断，而感觉出来的香气频率就是所谓的味道。

生茶唯一的味道就是樟香味，陈年生普会有老味儿老韵。熟茶品就可能因人为发酵的轻重而有所谓的几分熟几分生的争议存在，分辨最好的方法就是渥堆发酵越少（因为渥堆太久，茶性全软化了，失去越陈越香的意义）及拼配蒸压时间越短的茶品，其品质越佳。

六不以叶种为考量。现代种植技术使普通人难以识别什么才是真正古树乔木型大叶种。时下众多的消费者大多以为大大、平平、薄薄的大叶就是野生或是乔木种，而众多从业者依然迷信大叶才有市场。事实并非如此，灌木种茶叶也可呈现大大、平平、薄薄的外形特征。之所以出现此种情况，是因为灌木种茶树在充足的阳光、养分和水分的滋养下，发生充分的光合作用，生长速度极快，致使原本狭窄的叶片转基因成大大、平平、薄薄的大叶，所以消费者要跳出"大叶就是大叶种"的误区，避免被人为培育出的灌木种大叶所蒙蔽而上当受骗。

（二）普洱茶级别划分

为了使广大消费者面对多种多样的普洱茶，能选购到自己满意的茶品，首先应确定您要购买普洱散茶还是紧压茶；其次是确定您要买高档茶还是一般茶（价格范围）；最后运用自己所掌握的有关普洱茶品质鉴定的方法，结合市场上销售的各种普洱茶品的特征来进行选购。

目前市场上出售的普洱散茶按照由嫩到粗老的级别，大致划分为：普洱金芽、宫廷普洱、礼茶普洱、特级普洱、一级普洱、三级普洱、五级普洱、七级普洱、八级普洱、九级普洱、十级普洱。下面将分别介绍各级普洱散茶的品质特征，以作为我们选购普洱散茶的参考依据。

普洱金芽：单芽类，原料全部为金黄色的芽头，色泽褐红且亮，条索紧细。冲泡汤色红浓明亮，香气浓郁持久，滋味醇和回甜，叶底儿细嫩、匀亮。

宫廷普洱：条索紧直、细嫩，金毫显露，色泽褐红发光。冲泡汤色红浓，陈香浓郁，滋味浓厚醇和、叶底儿细嫩、呈褐红色。

礼茶普洱：条索紧直、较嫩，金毫显露。冲泡的汤色红浓，陈香四溢，滋味浓厚醇和，叶底儿细嫩，呈红褐色。

特级普洱：条索紧直、较细，毫毛显露。冲泡汤色红浓，陈香浓郁，滋味浓厚醇和，叶底儿褐红，较细嫩。

一级普洱：条索紧结、肥嫩，较显毫。冲泡汤色红浓明亮，滋味浓厚醇和，香气醇正，叶底儿褐红、肥嫩。

三级普洱：条索紧结，尚显毫。冲泡汤色红浓，滋味醇和，香气浓醇，叶底儿褐红、柔软。

五级普洱：条索紧实，略显毫。冲泡汤色深红，滋味醇和，香气醇正，叶底儿褐红、欠匀。

七级普洱：条索肥壮、紧实，色泽褐红。冲泡汤色深红，滋味醇和，香气醇和，叶底儿褐红、欠匀。

八级普洱：条索粗壮，色泽褐红。冲泡汤色深红，滋味醇和，香气醇和，叶底儿褐红、欠匀。

九级普洱：条索粗大，尚紧实，色泽褐红略带灰。冲泡汤色深红，滋味平和，香气醇和，叶底儿褐红、欠匀。

十级普洱：条索粗大、稍松，色泽褐红稍花。冲泡汤色深红，滋味平和，香气平和，叶底儿褐红、稍粗。

一般普洱茶叶的外形应具有条索肥壮、紧实，色泽褐红（或带灰白色）。冲泡汤色红浓，陈香浓郁，滋味浓厚醇和，爽滑回甘，叶底儿褐红、柔软，经久耐泡等特点。普洱紧压茶除内质特征相同外，外形还应形状匀整端正、棱角分明、模纹清晰、不起层或掉面、松紧适度的特点。

在选购普洱茶时，可以参照以上这些标准去衡量一下，是否能达到各级别相应的特征。如果想了解得更深入，则最好再开汤审评一下，品尝其香气、滋味是否醇正，是否符合自己的口味，这样就能万无一失地、准确地选购到满意的普洱茶了。假如是作为礼品赠予他人，当然还要考虑到茶叶外包装的精美。

普洱茶作为商品，肯定会涉及厂家、产品的标识，也就是该产品的商标，普洱茶在此方面的专用术语为"唛头"。因此，大多数花色、级别不同的普洱茶级别不同的均有各自不同的"唛头"。普洱茶界经常提及的"7262""8852"等产品拼配标号，就标注在唛头上，人称其为"唛号"，在唛头上也标注有"902""301"等数字，指的是1999年第二批生产或2003年第一批生产。

"唛号"是出口贸易中用于对某种茶品质特点的标识，主要用于进出口业务中。对"唛号"有两点需要注意：第一，"唛号"不能作为判断茶叶贮藏时间长短的依据；第二，"唛号"不能作为识别经营、生产企业的标识。

从1973年昆明茶厂开始试制普洱茶（人工"渥堆"发酵）至1975年正式批量生产，出口至今已有30多年的历史了。在几十年的贸易活动中，云南茶叶进出口公司建立了许多"唛号"，每一个唛号都包含了特殊的意义。以普洱散茶的唛号为例，前面两位数为该厂创制该品号普洱茶的年份，最后一位数为该厂的厂名代号（其中"1"代表昆明茶厂、"2"代表勐海茶厂、"3"代表下关茶厂、"4"代表普洱茶厂），中间两位数为普洱茶的级别。如"79562"表示勐海茶厂生产的5级、6级普洱茶，该厂1979年开始生产该种普洱茶。

下面是云南茶叶进出口公司部分普洱茶的出口唛号。

下关茶厂的唛号：7663、7653、7633（袋泡）、7643（袋泡）、8653、8663、76563、76073、76083、76093、76103、76113、76153（碎茶）。

勐海茶厂的唛号：7572、7452、8582、8592、7542、79562、79072、79082、79092、79102、79122（碎茶）。

昆明茶厂的唛号：7581、421、75671、75071、78081、78091、78101。

普洱茶厂的唛号：77074、77084、77094、77104。

第二节 普洱茶的冲泡

　　茶是用来喝的，再好的茶终归要喝，因此泡茶的技术很重要。如何冲泡好一壶云南普洱茶？这是一种技艺，一种技巧，是饮茶者经验的积累，通过正确的冲泡，可充分展现普洱茶的茶性、茶美、茶风，使品饮者达到陶冶情操、愉悦身心、养生延年的目的，同时它又是一门艺术，它兼具变化、个性与创造，不是一种一成不变的"定式"。

　　云南的茶都强调香气，但是普洱茶是一种以味道带动香气的茶，刚喝下去的时候好像没有甜味，而在茶汤吞下去的一瞬间，舌根会猛然浮起甘、醇、香的滋味，这是因为香气潜藏在味道里。

一、冲泡普洱茶前的准备工作

（一）熟悉茶性

　　中国的茶类品种是全世界最多的，每一种茶品都因为生长环境、茶树品种、制作方法的不同，表现出的特性各不相同。所谓"熟悉茶性"就是对要冲泡的茶叶在冲泡之前有所认知。对于普洱茶而言，首先是分辨出茶的生熟，其次是了解原料的级别，最后是掌握普洱茶的产制年代与仓储情况。

　　每一种普洱茶都有其特定的个性，只有熟悉了所泡茶叶的性情，再结合娴熟的冲泡技术，才能充分展现出茶的个性美。茶性同时也决定了冲泡茶具的选择、投茶量的多少、水温的高低、冲泡节奏的快慢，甚至于选用什么水。

　　茶性与冲泡方法之间有着许多微妙的关系。就云南普洱茶的冲泡技巧而言，生饼不同于熟饼，粗老茶不同于细嫩茶（粗老的原料需要水温越高越好，细嫩原料或白毫较多的茶品，冲泡水温应更接近绿茶），陈茶不同于新茶（尤其是洗茶时），轻发酵茶不同于较重发酵茶等。因此，通过试泡就可熟悉并掌握茶性，确定冲泡要领。

（二）冲泡用水的选择

古人对泡茶用水非常讲究，综合起来，均要求水质要清洁，有一定的流动性但速度要慢，水味要甘甜。关于水与茶的关系，古人有许多精辟的观点。如"无水不可与论茶""水为茶之母""茶性必发于水，八分之茶，遇十分之水，茶亦十分矣；八分之水，试十分之茶，茶只八分耳"等。

云南品茶用水丰富，山泉众多，如昆明西郊的"妙高寺""西山"，宜良的"宝洪寺"，澄江的"西龙塘"等，都有冲泡普洱茶的好泉水。山泉水对茶性的展现各不相同，各具特点：有的显香，有的显醇，有的显甘甜，有的显活性，也有同时兼顾多个特点的。选水如果甘甜、鲜活、清洁，则所泡茶汤不显涩味，茶叶汤色稳定。

现今云南有很多茶农都到野外取活水来煮茶，以达到香茗美泉两相宜的境界。新鲜山泉水对于提高茶叶的活性和香气有着积极的作用，就普洱茶，尤其是陈年普洱茶而言，山泉水若经过陶缸"养水"后再用来煮茶，对于展现其"陈韵"效果更佳。

但是在现实生活中，泡茶首选的山泉水或溪水不易得到，所以一般选用矿泉水或纯净水，只要水的酸度接近中性，硬度低于25度，重金属和细菌、真菌指标都符合饮用水的卫生标准即可。

（三）冲泡水温的选择

茶汤的表现与冲泡时候的水温高低有很大关系。水温的掌握对茶性的展现也有着重要的作用。《茶经》在论述煮水候汤时有云："其沸，如鱼目，微有声，为一沸；缘边如涌泉连珠，为二沸；腾波鼓浪，为三沸，已上，水老，不可食也。"冲泡普洱茶的水，以三沸为宜。

温度达到100℃的高温有利于茶叶中所含化学物质充分浸出，形成茶汤醇厚、香甜的品质。但高温也容易冲出茶叶的苦涩味，容易烫伤一部分高档茶。确定水温的高低，一定要因茶而异。比如，用料较粗的饼砖茶、紧茶和陈茶等都适宜用沸水冲泡；原料较嫩的高档芽茶、高档青饼等应适当降温冲泡，以避免高温将细嫩茶芽烫熟而苦涩。

一般茶友在冲泡时都使用煮水必备用具——随手泡，水开后自动跳闸，就可以用来冲泡了。如果换到手动挡，千万注意不要让热水过度沸腾，过度沸腾的热水中空气被全部驱除，会导致茶汤活性全无。

（四）茶叶的处理

普洱紧压茶与其他种类的茶不同，冲泡前得先拆散茶叶。普洱茶可连续冲泡十次以上，因为普洱茶有耐冲耐泡的特性，所以冲泡十次以后的普洱茶，还可以用煮茶的方式最后利用。

投茶量：冲泡普洱茶时，投茶量的多少与饮茶习惯、冲泡方法、茶叶的个性等有着密切的关系，富于变化。就云南人的饮茶习惯而言，采用宽壶留茶根闷泡法时，冲泡品质一般的茶叶，投茶量与水的质量比一般为 1∶40 或 1∶45。对于其他地区的消费者，可以以此为参照，通过增减投茶量来调节茶汤的浓度。

如果采用中壶"工夫茶"泡法，投茶量可适当有所增加，通过控制冲泡节奏来调节茶汤的浓度。就茶性而言，投茶量的多少也有变化。例如，熟茶、陈茶可适当增加，生茶、新茶适当减少等，切忌一成不变（发烧茶友也可准备一台小电子秤，既可以准确称量投茶量，又方便携带，随时可以用）。

（五）洗茶

"洗茶"这一概念出现于明代。明朝的《茶谱》记载："凡烹茶，先以热汤洗茶叶，去其尘垢、冷气，烹之则美。"对于普洱茶，洗茶这一过程必不可少。这是因为普洱茶的原料为晒青毛茶，系大叶种茶菁经杀青、揉捻，摊在日光下干燥的产物，难免会混杂一些农家晒场上的杂质；而普洱熟茶经过"渥堆"工序，一般渥堆要持续 40 ~ 60 天，也容易混入杂物；至于陈放后的老普洱茶，陈放期间也不免会受到仓储环境的影响，蒙上灰尘。通过洗茶就可达到"涤尘润茶"的目的。

对于品质比较好的普洱茶，"洗茶"时应注意掌握节奏，杜绝多次"洗茶"或高温长时间"洗茶"，减少茶味流失。

（六）冲泡器具的选择

俗话说"器为茶之父"。冲泡时，冲泡器具的选择也是非常重要的，无论选用何种器具，都必须保证干净无异味。即使是清洁的茶具，在冲泡之前仍要用热水冲一下，既可消毒又去异味。用来冲泡普洱茶的器具相对来说比较宽泛，一般有以下几种。

1. 土陶瓷壶

普洱茶的冲泡适宜选用腹大的茶具，以便更好地表现出普洱茶的色、香、味等品质特征。而土陶瓷壶一般体积较大，其特有的古典粗犷的美很符合普洱茶深厚的陈韵，故土陶瓷壶是冲泡普洱茶的最佳器皿。

2. 紫砂壶

宜兴紫砂壶也是冲泡普洱茶不错的器皿，其有良好的透气性、保温性和吸附作用，有利于提高普洱茶的纯度，提高茶汤的鲜亮度。选择紫砂壶一般以朱泥调砂和紫泥调砂为理想，以利于提高透气性。刚买到的新紫砂壶在用之前要先用茶水煮一煮，以去除"窑味"和土味，并经使用一段时间（俗称"养壶"）后再冲泡好茶，就可达到"壶熟茶香"的理想效果。

3. 盖碗

盖碗清雅灵便，不失为冲泡普洱茶的器皿之选。

初学者最好选用玻璃杯或盖碗作为冲泡的器具。因为玻璃杯和盖碗杯硬度较好，能客观公正地显示其茶性。另外，玻璃杯和盖碗的能见度很好，易于准确地观看茶汤的色泽变化，以鉴其好坏。

（七）公道杯的选择

公道杯以质地较好、大一点儿、晶莹剔透的玻璃器具为首选，有利于观赏到普洱茶晶莹亮丽、颜色富于变化的独具魅力的汤色。透过明亮的玻璃公道杯，你会发现熟普洱汤色宛如琥珀色、玛瑙色且久泡色不减、味不退；生普洱汤色清亮光润，宛如油膜包裹的蜜汁，久泡同样其色如故，其味不减。

人们常常把云南普洱茶的汤色比喻为"陈红酒""琥珀色""石榴红""宝石红"等。可见，观赏其色已成为普洱茶茶艺中的一道独特风景。普洱茶的茶汤色泽和质地因茶叶的产地、制作工艺、原料选用、储藏环境、存放年限等不同而呈现出不同的变化。观察汤色既是一种审美的享受，也是评价茶质好坏的重要环节。

（八）茶杯的选择

一般以白瓷杯或青瓷杯为宜，以便于观赏到普洱茶的旖旎汤色。普洱茶所用茶杯在容积上应大于"工夫茶"用杯，厚壁、大杯、大口，这既适合普洱茶醇厚、香甜的特性，也比较贴近云南人粗犷的饮茶习俗。

二、普洱茶的冲泡方式

（一）宽壶留茶根闷泡法

冲泡品质较好的普洱茶，最好采取"宽壶留茶根闷泡法"。"留茶根"的多少，有两种说法。第一种是说洗茶后，第一泡水全部倒干，第二泡壶中的水要留下一些，大约十分之一（这是指在第二泡将香味冲出来的状况下，如果第三泡才能将香味冲出来，就要在第三泡起开始在壶中留一点儿水，不要倒干）。

如果是冲泡够老的普洱，则不需要开盖，严格地说应该是不能开盖；有一点儿涩味或酸味的普洱，在第二泡倒出并在壶中留点儿水之后，开盖半分钟到一分钟再把盖子盖上；有较重的涩味或苦味、酸味的普洱，应打开壶盖，壶口没有蒸气时，用手指按压壶身，若温度不会太烫手指可摸五秒钟左右，再将壶盖盖上。

壶中留点儿水，主要目的是让冲泡出的东西溶解在水中，温度要控制。时间控制得好，茶汤才会显现出其该有的风味。所以，除非投茶量太多或温度过高，否则不应立即冲下一泡。

另一种说法是洗茶后自始至终都将泡开的茶汤留在茶壶里一部分，而不把茶汤全部倒干。一般采取"留四出六"或"留半出半"的方法。每次出茶后再以开水加满茶壶，直到最后茶味变淡。

闷泡是指时间相对较长，节奏讲究一个"慢"字。留茶根和闷泡道出了云南普洱茶的茶性。采取留茶根和闷泡，既能调节茶汤自始至终的味道，又为普洱茶的滋味的形成留下充裕的时间和余地，达到"茶熟香温"的最佳境界。

（二）中壶"工夫茶"泡法

中壶"工夫茶"泡法，又叫"除异留纯快泡法"。就是茶叶现冲现饮，茶汤每次都全部倒干，不留茶根。茶壶的容积因饮茶人数的多少而定。对部分比较新的普洱茶或有轻度异味的普洱茶，使用中型壶现冲现饮，头几泡除去其轻度异味，可提高后几泡的纯度；对于重度发酵茶，采取快冲倒干的方法可避免茶汤发黑。

对于苦涩味比较重的茶叶，中壶"工夫茶"泡法因冲泡速度快能减轻其苦涩味。对于一部分采用机械揉捻制作晒青的普洱茶品，因其茶叶细胞破坏充分，茶味浸出较快，冲泡时也宜采取中壶"工夫茶"泡法。

在现实生活中，经常会碰见一些储藏不当但茶叶质地却很好的普洱茶，它们或是轻度受潮，或是混有些许杂味，茶味不够醇正，但浓甜度和厚度尚好。对于此类茶叶，冲泡时也宜采用宽壶闷泡法，只是头一二泡不留根，从第三泡起留根闷泡。

（三）盖碗冲泡法

盖碗是现代茶艺表演中最常被选用的器具，清雅的风格最能反映出茶的色彩美和纯洁美。盖碗冲泡法有利于提高冲泡用水的温度，可提高茶叶的香气，比较适宜于冲泡粗老的普洱茶。

对于一些高档细嫩的普洱茶，最好不采用此种泡法，若坚持要采取盖碗冲泡法，则要求冲泡者的手艺必须娴熟，否则就会出现"水闷气"或者烫熟茶叶的现象。盖碗冲泡在一定程度上减少了器皿对茶汤纯度的不利影响，比较适合评茶。

（四）煮茶法

煮茶的工具多为陶炉或以酒精加温烧煮，加上一把紫砂制的茶壶即可。若采用这种方法，多半是遇上了一饼好的普洱熟茶，泡到茶汤已淡，但仍不舍得丢弃，所以煮之以续其茶香。

三、普洱茶冲泡的基本步骤

冲泡普洱茶的一般步骤如下。

（1）行礼。表示对茶友的尊重。

（2）备具。准备好茶具等饮茶用品及普洱茶叶。

（3）温壶涤具。古称"一洗凡尘"，茶具中置入烧开的清水，主要起到温壶温杯的作用，同时也可以涤具清毒（普洱熟茶需要的水温高，温壶的步骤不要遗漏，尤其在冬季更是如此）。

（4）鉴赏佳茗。古人云，"从来佳茗似佳人"，应让客人了解将要品到什么茶。

（5）投茶。将普洱茶根据客人人数多少及个人习惯而定称取适量克重的投茶量，置入壶中。

（6）洗茶。又称"重洗仙颜"，将沸水沿壶边缘，按顺时针方向慢慢淋入壶中，动作从容不拖沓，不猛烈冲击茶叶，然后快速倒出，用以润茶，唤醒茶气（普洱熟茶因经过渥堆工序应多洗一次）。

（7）冲茶浸润。洗茶完毕，开始正式冲泡。沿壶边缘淋入沸水，动作要顺畅舒缓，出水从容，控制水流的力度，不要搅散茶叶，否则茶汤浑浊并流失真味。根据茶叶的生熟、新陈而掌握浸泡时间及水温，也应根据客人的口感和对浓淡的反应来掌握。

（8）出汤。又称"普降甘露"，把泡好的茶汤充分沥干倒入公道杯中，保持茶汤浓淡的均匀，再分别均匀地倒在客人的茶杯中，让客人品饮。

（9）收具。品茶活动结束后，泡茶人应将茶杯收回，把壶（杯）中的茶渣倒出，将所有茶具清洁到位。

四、普洱茶的品饮

（一）饮茶四阶段

在漫长的茶文化发展的历史中，关于茶的饮用方法一共发生了四次较大的变化，亦可以说是饮茶方法发展的四个阶段。

1. 煎饮法

原始部落时期，采食茶叶并非为了消遣，去享受茶叶的色、香、味，而纯粹是为了填饱肚子。当人们在饮食过程中逐渐发现，茶不仅能祛热解渴，而且能提升精神、医治多种疾病时，茶于是从粮食中被分离出来，兼具食用与治病双重作用。煎茶汁治病，是饮茶的第一个阶段。这时候，茶被定义为药。

2. 羹饮法

从先秦至两汉，茶渐渐从药物向饮料的方向转变。人们在煮茶时，加入粟米及调味的佐料，煮成粥状。我国边远地区的少数民族，在唐代大都接受了这种饮茶习惯，所以他们至今仍习惯于在茶汁中加入其他的食品。

3. 研碎冲饮法

此法出现于三国时期，流行于唐代，盛行于宋代。当时采摘下的茶叶，要先制成茶饼，饮用时再捣碎，后冲以沸水。这时以汤冲制的茶，仍要加入葱、姜、橘子之类的食品，可以看出从羹饮法向冲饮法过渡的迹象。

4. 泡饮法

饮茶的第四个阶段——泡饮法，也可以叫作"全叶冲泡法"。此法早在唐代就已出现，沿袭至明清时期达到鼎盛。唐代时人们发明蒸青制茶法，专门采摘春天的嫩芽，经过蒸焙之后，制成散茶，饮用时不用捣碎，而用全叶冲泡。散茶品质极佳，饮之宜人。在宋代，有的人用研碎冲饮法，有的人用全叶冲泡法，两种冲泡方法并存。到了明代，散茶制造渐成主流，饮用方法基本上都以全叶冲泡，并沿袭至今。

（二）品饮

当茶汤泡好后，倒入剔透的玻璃公道杯中，你可以欣赏到茶汤的色泽，如玫瑰一样红艳，如琥珀一样晶莹；你可以嗅到叶底的香气，或槟榔香扑鼻，或桂圆香沁心；你可以尝到茶汤的滋味，爽滑、醇和、甘甜。

对普洱茶进行品饮时，人们经常谈到的甘、滑、醇、厚、甜、稠是普洱茶给人在品饮中产生的美妙口感，整个品饮过程可以概括为五个字——甘、润、活、洁、亮。

1. 甘

"甘"是品饮普洱茶时，茶汤所带来的"甘"的喉韵，是所有品茗者都喜爱的。甘的味道不像香那么飘逸，是比较含蓄的，往往紧随苦味之后，印证了"先苦后甜"的俗语。部分品茗者之所以喜欢苦味的茶汤，就是因为苦后而能回甘。但也并非所有的普洱茶都是先苦后甜的，普洱茶中也有不苦而回甘的好茶，如同庆号老圆茶，陈期久，苦涩味全部消失了，饮后有微微回甘的喉韵，持续甚久，不愧为好的普洱茶。

甘能刺激味觉源源不断地生津，一方面能解渴，另一方面也可以滋润身心。好的普洱茶，因茶单宁等成分能刺激口腔内壁紧锁收敛，形成涩感而生津，生津是普洱茶的主要特色之一。

2．润

"润"是品饮普洱茶时，茶汤进入口腔稍稍停留片刻，通过喉咙流向胃部很润滑、很舒服、很自然的感觉，给品饮者的印象极深。饮茶的第一目的便是解渴，而润喉则是解渴的第一步。喉头得到润化，口渴感就可去除，感觉就会十分顺畅。

采集乔木老树上的鲜叶为原料的普洱茶，经过适当的陈化后，特别容易达到润化的境界。润化之感是普洱茶品性的忠实反映，也是普洱茶平和宜人的真实表现。品饮中的润滑之感，就像母亲对幼儿的呵护、幼儿对母亲的依恋。

3．活

"活"是普洱茶品著者始终追求的茶叶灵性的表现。活性能给人活泼、愉快、力量的感受。活的口感如同陈韵一样，是比较抽象的，无法用文字或语言来描述真切，而是要靠个人从实际品茗中慢慢体会。

在普洱茶行列中，只有干仓普洱生茶的茶汤才有较强的活泼品性，普洱熟茶因在制作过程的"渥堆"工序中水溶性物质的增加，直接影响了茶的活泼品性。没有活性的普洱茶，品饮中缺乏生命的跳动活力，给人的印象就大打折扣了。

4．洁

"洁"是鉴评普洱茶的重要因素之一。普洱茶属于食品，是进入人体的，不洁之物进入人体，不但不能给人以健康，还会使人致病。所以说对普洱茶的品饮，洁是至关重要的，只有周身自始至终都洁的普洱茶，才能让我们在品饮中体会到其甘之爽、滑之美、醇之味、顺之态、活之质。

5．亮

"亮"既是鉴定普洱茶品质优劣的重要指标，又是鉴赏普洱茶美的内在标志。优质的普洱茶外形富有油润的光泽，发亮褐红的普洱茶，最可以衬出自然之美。再观其冲泡的汤色，"亮"给人以美妙的感受和联想的空间。

好的普洱茶其品质不同，汤色就相应地呈现出宝石红、玛瑙红、石榴红、陈酒红、琥珀色等，这些逐渐增亮的色泽，亮出了普洱茶悠久的历史，亮出了普洱茶深厚的文化，亮出了云南古茶树的苍劲，亮出了茶马古道的文明，亮出了普洱茶的陈香，亮出了云南山水的韵味，这种亮是自然赋予普洱茶本身固有的内在品质，它不需要任何外力的作用，是真正意义上的自然之美。

普洱茶品茗是属于比较有内涵、有深度的高层次的艺术鉴赏，人们可以从这种高意境的品鉴中，透过特定的精神层面，参悟到更高层次的境界。所以，鉴赏普洱茶，可以在品饮的过程中伴随的色、香、味、形的再现，从甘、润、活、洁、亮中体会到人生的幸福和愉悦。总之，普洱茶本身可以映射出历史发展的痕迹，演绎出人生发展的历程。

五、普洱茶的成分

（一）蛋白质与氨基酸

茶叶中的蛋白质含量在 20% 以上，绝大多数都不溶于水，只有占 3.5% 左右的白蛋白等可溶于水中。茶叶中的氨基酸有 26 种，除了 20 种蛋白质氨基酸存在于游离氨基酸中，另外还检出 6 种非蛋白质氨基酸（茶氨酸、γ - 氨基丁酸、豆叶氨酸、谷氨酰甲胺、天冬酰乙胺、β - 丙氨酸）。

（二）主要的游离氨基酸

茶氨酸占茶叶干重的 1% ～ 2%；占整个游离氨基酸的 70%、谷氨酸占游离氨基酸的 9%、精氨酸占游离氨基酸的 7%、丝氨酸占游离氨基酸的 5%、天冬氨酸占游离氨基酸的 4%。

茶氨酸（L-Theanine）是茶树中一种比较特殊的在一般植物中罕见的氨基酸，是谷氨酸 γ - 乙基酰胺，有甜味。茶氨酸含量因茶的品种、部位而变动。茶氨酸在化学构造上与脑内活性物质谷酰胺、谷氨酸相似，是茶叶中生津润甜的主要成分，其含量随发酵过程减少。

茶氨酸为白色针状体，易溶于水，具有甜味和鲜爽味，是茶叶滋味的组成部分。遮阴的方法能提高茶叶中茶氨酸的含量，以增进茶叶的鲜爽味。在茶汤中，茶氨酸的浸出率可达 80%，对绿茶滋味具有重要作用，与绿茶滋味等级的相关系数达 0.787 ～ 0.876。

茶氨酸还能缓解茶的苦涩味，增强甜味，可见茶氨酸不仅对绿茶良好滋味的形成具有重要的意义，也是红茶品质的重要评价因素之一。

（三）咖啡碱

茶叶中咖啡碱含量为 2.5% ～ 5.0%，嫩叶比老叶含量高。咖啡碱具有使人兴奋、提神的功效，还有利尿、分解脂肪的作用。普洱茶叶中的生物碱主要有咖啡碱、茶叶碱和可可碱。咖啡碱含量较高，为 2% ～ 5%；茶叶碱含量较低，只有 0.002% 左右；可可碱介于两者之间为 0.05% 左右。咖啡碱属于含氮化合物，与蛋白质、氨基酸一样，以新陈代谢旺盛的嫩梢部分含量较多，品质好的茶叶含量较高，粗老茶含量较低。

咖啡碱本身味苦，但是与多酚类物质及氧化产物形成络合物[1]以后，能减轻这些物质的苦涩味，并形成一种具有鲜爽滋味的物质。咖啡碱与儿茶素、茶黄素、茶红素、多糖、蛋白质和氨基酸等反应所形成的物质，是普洱熟茶茶汤冷后产生乳凝状物（"冷后浑"）的主要成分。

普洱茶中咖啡碱含量极高，其对人体药理作用非常大，常喝普洱茶，可通过咖啡碱作用而达到神经中枢兴奋，消除疲劳；咖啡碱抗酒精、烟碱毒害；对人体中枢和末梢血管系统及心波有兴奋和强心作用；有利尿作用；有调节体温作用；当普洱茶中咖啡碱和黄烷醇类化合物融合，可以增强人体消化道蠕动，达到助于食物消化、预防消化器官疾病发生的作用。

茶叶中都含有咖啡因，只是量多与量少的不同，干茶叶中含 2% ～ 4%，越是好茶咖啡因含量越多。咖啡因是在 1820 年从咖啡中发现的；至于发现茶叶中也含有咖啡因，则是 1827 年的事了。茶叶几乎是在发芽的同时，就已开始形成咖啡因，从发芽到第一次采摘时，所采下的第一片和第二片叶子所含咖啡因的量最高；相对地，发芽较晚的叶子，咖啡因的含量也会依序减少。咖啡因可以使大脑的兴奋作用旺盛；除此之外，咖啡因中含有的盐基、茶碱，也都含有强心、利尿的作用，茶叶中咖啡因的保健作用显著。

很多专家学者认为茶的保健功能是多方面的。这些功能大部分是咖啡因的

---

[1] 这里指茶汤冷却后可能出现絮状沉淀。

作用，咖啡因是 1，3，7- 三甲基黄嘌呤。茶中咖啡因的保健功能和药理效应主要体现在以下八个方面：

（1）兴奋中枢神经；

（2）振奋精神，强化思维，提高工作效率；

（3）增强呼吸功能，提高代谢功能；

（4）强心活血，提高循环系统功能；

（5）帮助消化，强化营养健康；

（6）利尿通便，清除肠道内残余的有害物质；

（7）消毒杀菌，起"人工肝脏"作用；

（8）解热镇痛，对急性中毒有一定的解毒作用。

从以上可以看出，咖啡因对人体生理起到全面调控作用，茶叶中咖啡因及其同系物的药效作用，历来为学者专家所肯定。茶叶中的咖啡含量与咖啡中的咖啡含量相比，那是很少的，通过试验发现，每 141.75 克咖啡中含 100～150 毫克咖啡因，英国人认为茶叶中的咖啡因含量只有咖啡的一半。茶中的咖啡因由机体摄入后，迅速脱去部分甲基，进行氧化，并以 3- 甲基尿酸的形式排出，因此在尿中尿酸既不增加，也不能测出残留的脱去甲基的黄嘌呤，黄嘌呤排泄迅速，在体内残留时间不会超过 24 小时。长期饮茶，由于在体内转化和排出体外都非常迅速，安全度大，因此，运动员正常饮茶只会增强体质，提高竞赛成绩，不会带来不良后果。

现在有人提倡饮用咖啡因茶（Decaffeinated Tea），这是可以考虑的，但常饮用只含咖啡因的茶，会失去茶叶的多样元素，从而对人体的综合保健功能减少很多。

（四）碳水化合物

茶叶中含 25%～30% 的碳水化合物，但多数不溶于水。茶叶是一种低热量饮料，饮茶不会引起发胖。茶叶中的复合多糖，如脂多糖，对人体具有非特异免疫功能，还有降血糖、抗辐射的功效。

（五）色素

茶叶中的色素分脂溶性色素和水溶性色素两大类。脂溶性色素包括叶绿素和类胡萝卜素。

（六）有机酸

茶叶中含有多种有机酸，有机酸参与代谢，能够维持体液平衡。

（七）维生素

茶叶是富含维生素的饮料，茶叶中含有维生素 C、B、E、A、K、U 等多种。维生素是人体生命活动所必需的，茶叶中所含的这些维生素，通过饮茶对人体健康肯定是有益的。

（八）芳香物质

茶叶中芳香物质的种类很多，很多芳香物质对人体是有益的，有的可分解脂肪，有的可调节神经系统。

（九）皂苷类物质

茶叶中含有茶叶皂苷，研究表明茶叶皂苷具有抗炎症、抗癌、杀菌等多种功效。

（十）茶多酚

茶多酚是茶叶中主要的功能性成分，苦涩味是它主要的显味物质。

茶多酚的主要作用是清除自由基。研究表明茶多酚由于其结构的特殊性在药理药效方面有独特的作用。

（1）茶多酚对辐射损伤具有防护和降低有害酶活性的作用。

（2）茶多酚有抗突变的作用。

（3）茶多酚有抗肿瘤的作用。

（4）茶多酚有对抗、延缓衰老的作用。

（5）茶多酚有调节免疫力的功能。

（6）茶多酚可以防治肾病。

（7）茶多酚对心脑血管疾病有显著功效。

（十一）矿物质

茶中含有钾、钙、镁、锰等 11 种矿物质。茶汤中阳离子含量较多而阴离子较少，属于碱性食品，可帮助体液维持弱碱性，保持健康（亚健康人群基本是弱酸体质）。

1. 钾

促进血钠的排出。血钠含量高，是引起高血压的原因之一，多饮茶可防止高血压。

2. 氟

具有防止蛀牙的功效。

3. 锰

具有抗氧化及防止老化之功效，增强免疫功能，并有助于钙的利用。

六、普洱茶的优劣区分

区分普洱茶的优劣，具体有如下几点。

第一，茶品没有异味、霉味。将茶品轻轻嗅闻，有一股熟香的茶品为佳。茶容易吸附其他异味，仓储条件不好，茶品长年累月存放就会有异味，早些年的普洱茶给人有霉味等印象，多数都与仓储不当有关。

第二，茶汤呈现通透的酒红色，且颜色透亮者为佳。一般茶品冲泡时，杯底也会有些沉淀物，如碎叶、叶背茸毛等，都是正常现象。但是如果放置一段时间后，沉淀出多余的杂质，那就不好了。

第三，叶底出现炭化，呈木屑状，如果不是人为拆茶时造成的，那就可能是存放过程中温控不当，或是渥堆过度的现象。是制茶工序失误的结果。

第四，如果茶汤入口后，觉得水性生硬或淡而无味，或出现干且锁喉等现象，那么无论如何都不能算是好茶品了。

第六章　普洱茶的功效

　　"茶"初始为药用，其在中国的药用历史由来已久，《神农本草经》载："神农尝百草，日遇七十二毒，得茶而解之。"这里的"茶"就是"茶"。如果这一记载正确的话，则至少说明早在 3 000 多年前，茶及其药用价值就已经被发现。

　　在我国，是药食同源。我们的祖先仅仅把茶叶当作药物来看待，他们从野生茶树上砍下枝条，采集其鲜嫩的梢芽，先是放在嘴里生嚼，然后是加水煮成羹汤，专供给中毒的人饮用。后来，因茶有生津解渴的作用，人们对茶叶的使用就不仅仅局限在药用上，茶逐渐演变为日常生活饮品，对饮茶的方式也由生嚼茶叶逐渐变成加水煮煎品茶。

　　美国研究中国科技史的李约瑟博士在谈到中国的茶叶时说："茶是中国对世界继四大发明之后的第五大贡献。"这充分说明了中国人发现的茶在人类生活当中的重要地位和作用。营养学家于若木说："茶是大自然赐予人类天然的最佳中药配方。"在本书中，我们通过古代对茶叶功效的论述，结合现代科学对茶叶功效的研究，来揭示普洱茶的独特功效。

第一节　古代对普洱茶功效的论述

一、古代对茶叶功效的论述

　　唐朝《本草拾遗》中说："诸药为各病之药，茶为万病之药。"虽有些夸张，但茶的确具有广泛的治疗作用。著于清代的《梵天庐丛录》云："普洱茶，性温味香，治百病……价等兼金。"这充分证明，普洱茶作为传统饮品，除能生津止渴和提神外，还有特殊的药用功效。

　　对茶叶的药用功效，古籍上有很多记载。如《神农本草经》中载："茶味苦，饮之使人益思、少卧、轻身、明目。"清人赵学敏在《本草纲目拾遗》中云："普洱茶产攸乐、革登……六茶山，以倚邦、蛮砖茶味较盛。味苦性刻，解油腻牛羊毒，虚人禁用。苦涩逐痰下气，刮肠通泄。普洱茶膏黑如漆，醒酒第一，绿色者更佳。消食化痰……清胃生津，功力尤大也。"李时珍在《本草纲目》中云："茶体轻浮，采摘之时茅蘖初萌，正得春生之气。味虽苦而气则薄，乃阴中之阳，可升可降。"中医理论认为，茶甘味多补而苦味多泻，这说明茶叶是一种泻补兼具的良药。普洱茶具备了攻补的特性，未经发酵或氧化程度较低的普洱茶有攻的特性，而经过发酵且氧化程度较高的普洱茶具有补的特性。

　　从中医学升降浮沉理论来说，茶叶具有多种功能。祛风解热、清头亮目等是普洱生茶升浮的功效表现，利水、通便等是普洱熟茶沉降的功效表现。从归经方面而言，茶汤进入人体五脏，五脏乃中医脏腑理论的核心。由于茶叶对人体有多方面的保健作用，茶汤进入人体就综合地产生了作用。

　　除了茶人和医家对茶叶功效的论述外，古代文人们盛赞茶叶功效的文章也颇多。被誉为"诗仙"的唐代诗人李白就有"破睡见茶功"的诗句，是茶叶提神醒脑功效的印证。唐人刘贞亮概括饮茶好处为"十德"，即"以茶散郁气，以茶驱睡气，以茶养生气，以茶去病气，以茶树礼仁，以茶表敬意，以茶尝滋味，以茶养身体，以茶可行道，以茶可雅志"。他不仅把饮茶当作养生之术，更是将其作为修身之道了。

　　茶的药用功能对于边疆少数民族来说更为重要，在当地，自古就有"宁可三日不吃粮，不可一日不喝茶"的饮茶谚语。这是因为藏族、蒙古族、维吾尔族等都居住在高寒地带，日常以牛、羊等肉类食品为主，这类食物不易消化，因此，茶的促消化功能的重要性就不言而喻了。在《明史·食货志》中就有"番人嗜乳酪，不得茶则因以病"之说。清代《续文献通考》中也有"乳肉滞隔而茶性通利，荡涤之故"的记载。

以上是古人凭借自身经验而总结出来的关于茶叶功效的部分阐述。随着科学技术的发展，特别是现代医学的逐步完善、发展，我们对茶叶的功效将会有更加科学的认识。

二、史书记载的普洱茶功效

（1）唐，陈藏器《本草拾遗》："诸药为各病之药，茶为万病之药。"

（2）唐，陆羽《茶经》："茶之为用，味至寒，为饮最宜精行俭德之人。若热渴、凝闷、脑疼、目涩、四肢乏、百节不舒，聊四五啜，与醍醐、甘露抗衡也。"

（3）明，顾元庆《茶谱》："人饮真茶能止渴、消食、除痰、少睡、利尿、明目益思、除烦去腻，人固不可一日无茶。"

（4）明，王廷相《严茶议》："青稞之热，非茶不解。故不能不赖于此。"

（5）清，方以智稿，其子方中通、方中履等编《物理小识》云："普洱茶蒸之成团，西蕃市之，最能化物。"

（6）《本经逢原》："产滇南者曰普洱茶，则兼消食止痢之功。"

（7）清，王昶《滇行日录》云："顺宁茶味薄而清，甘香溢齿，云南茶以此为最。普洱茶味沉刻，土人蒸以为团，可疗疾，非清供所宜。"

（8）《圣济总录》："须霍乱烦闷，用普茶一钱煎水，调干姜末一钱，服之即愈。"

（9）《验方新篇》："治伤风，头痛、鼻塞：普茶三钱，葱白三茎，煎汤热服，盖被卧。出热汗，愈。"

（10）清，张泓《滇南新语》："滇茶，味近苦，性又极寒，可祛热疾。"

（11）《普济方》："治大便下血、脐腹作痛、里急重症及酒毒，用普茶半斤碾末，白药煎五个，共碾细末。每服二钱匙，米汤引下，日二服。"

（12）清，吴大勋《滇南闻见录》："思茅同知承办团饼，大小不一，总以坚重者为细品，轻松者叶粗味薄。其茶能消食理气，去积滞，散风寒，最为有益之物。"

（13）《普洱府志》："茶产六山，气味随土性而温，生于赤土或土中杂石者最佳，消食、散寒、解毒。"

（14）《本草备要》："茶能解酒食、油腻、烧炙之毒，利大小便，多饮消脂。"

（15）清，黄宫绣《本草求真》："茶禀天地至清之气，得春露以培，生意充足，纤芥滓秽不受，味甘气寒，故能入肺清痰利水，入心清热解毒，是以垢腻能降，炙灼能解，凡一切食积不化，头目不清，痰涎不消，二便不利，消渴不止及一切吐血、便血等服之皆能有效。但热服则宜，冷服聚痰，多服少睡，久服瘦人。空心饮茶能人肾消火，复于脾胃生寒，万不宜服。"

（16）清，张庆长《黎岐纪闻》："黎茶粗而韶，饥秘消积食，去胀满，陈者尤佳。大抵味近普洱茶而功用亦同之。"

（17）《百草镜》："闷者有三：一风闷；二食闷；三火闷。唯风闷最险。凡不拘何闷，用茄梗伏月采，风干，房中焚之，内用普洱茶三钱煎服，少倾尽出。费容斋子患此，已黑暗不治，得此方试效。"

以上是历史上对普洱茶功效的部分著述，从消食弃毒、理气去胀、清热解毒、刮肠通泄、祛风醒酒、醒脑敏思、除烦清心等方面，综合全面地阐述了普洱茶的药效功能。

第二节　近代对普洱茶功效的论述

一、近代对普洱茶药理功效的论述

近年来，国内外的专家学者都对普洱茶的药理功能进行了更加深入的研究，普洱茶的功效也进一步得到了开发。茶叶功效的发挥主要依托于其化学成分的作用，目前科学家对茶的分析，已确认茶叶中含有 600 多种化学成分，这些成分对人体健康极为有利，是难得的保健养生源。

茶叶功效根据对多种化学成分的药理保健作用的研究共列述为以下几项，即防治动脉硬化、冠心病以及抗菌、抑菌与抗病毒、护胃、养胃、预防夜盲症和白内障、防治便秘、利尿、降压、防治霍乱和痢疾等。

（一）防治动脉硬化

茶叶中所含的茶多酚对体内胆固醇、甘油三酯含量的上升有明显的抑制作用，并能促进脂类化合物随粪便一起排出，还能增强体内毛细血管壁的柔韧性及弹性。因此，对防治动脉硬化具有一定的保健效果。

通过茶叶所含茶多酚自身的强抗氧化作用，抑制胆固醇的氧化，减少酸性物质的形成量，从而抑制脂质物在血管壁上形成沉积；同时阻止食物中不饱和脂肪酸的氧化，减少血清中胆固醇的含量并保证脂质物在动脉壁的正常进出。

（二）防治冠心病

有专家对 1997 年前的茶色素的临床应用研究作过总结，认为茶色素对防治冠心病有良好的疗效，并已在临床 I 期、II 期、III 期的应用中得到论证。有关统计资料表明，不喝茶的人冠心病发病率为 3.1%，偶尔喝茶的人其发病率可降低为 2.3%，经常喝茶的（通常指 3 年及以上）其发病率只有 1.4%。此外，冠心病的加剧，与冠状动脉供血不足及血栓形成有关。而茶多酚中的儿茶素，经动物体外实验均提示有显著的抗凝、抗血栓形成等作用。

（三）抗菌、抑菌与抗病毒

茶多酚能抗菌、抑菌，且具有凝结蛋白质的收敛作用，能与菌体蛋白质结合而使细菌死亡。有关实验也证明茶多酚对各型痢疾杆菌皆具有良好的抑制作用，其效果与黄连不相上下；对沙门氏菌、金黄色葡萄球菌、乙型溶血性链球菌、白喉杆菌、变形杆菌、绿脓杆菌等都有明显的抑制作用。

茶多酚的抗菌机制到目前为止，尚不完全清楚，主要机制可能是通过破坏细菌细胞膜和细胞壁，使细菌失去生长和繁殖的能力。茶多酚可以与细菌细胞膜上的脂质分子结合，破坏细胞膜的完整性，导致细胞内部物质外泄，最终导致细胞死亡。此外，茶多酚还可以与细菌细胞壁上的多糖结合，破坏细菌细胞壁的完整性，使细菌失去保护和支撑的能力，最终导致细菌死亡。

2003 年《美国科学院学报》报道，经美国科学家研究证实，"茶叶中的茶氨酸可以使人体抵御感染的能力增强五倍""茶氨酸在人体内可调动 T 形细胞进而促进'干扰素'的分泌，从而形成人体抵御感染的'化学防线'"。美国哈佛大学医学院的杰克·布科夫斯基博士通过实验研究认为：每天饮用五杯茶能够极大地提高机体的抗病能力。

中国专家汪玲平等人对茶的抗菌、抑菌作用的试验也表明，当茶汤达到一定的浓度时就能有效地抑制细菌的繁殖，其疗效的产生，主要是茶叶中的儿茶素类化合物对病原菌有明显的抑制作用。

（四）预防夜盲症和白内障

夜盲症的发生主要是人体缺乏维生素 A 所致。茶叶中含有丰富的维生素，其中维生素 A 在茶汤中的含量虽然不多，但其可随泡茶时挥发的芳香物质一同进入茶汤中，共同作用而起到预防夜盲症的效果。

人眼晶状体对维生素 C 的需要量比其他组织要高，若维生素 C 的摄入量不足，容易导致晶状体浑浊而患白内障。茶叶中含有较多的维生素 C，可提供眼部对维生素 C 的需要。维生素 B_2 参与人体的氧化还原反应，可维持视网膜的正常机制，因此，多饮茶可以明目。

（五）治疗便秘、利尿

因普洱茶内的茶单宁可使肠胃的活动更加活跃，普洱茶还可强力促进胃液的分泌，帮助体内消化系统消化，所以每喝普洱茶可改善通便，降低便秘带来的威胁。现代科学研究还表明，茶叶中所含的咖啡碱和茶碱通过扩张肾脏的微血管，增加肾血流量以及抑制肾小管水的再吸收等机制，也可起到明显的利尿作用。

（六）降压

高血压指收缩压或舒张压，超过人体正常水平。降压，即降低血压。茶叶中的茶多酚、维生素 C 和维生素 P 等都是防治高血压的有效成分。尤其茶多酚，有很好地改善毛细血管的功能。儿茶素类化合物和茶黄素对血管紧张素转化酶的活性有明显的抑制作用，能直接降低人体血压。

（七）其他

除了上述项外，茶还可以提高机体耐缺氧、抗凝血、抗血栓功能，防治痴呆症、高原病、皮肤炎及毛发脱色，防治癫皮病，控制乙型肝炎，降血糖和防治糖尿病，防治坏血症和贫血等。

普洱茶在日本、法国、德国、意大利、韩国、南洋以中我国的香港、澳门，皆有"美容茶""减肥茶""益寿茶""瘦身茶"的美称。普洱茶本身具有的诸多功效注定了普洱茶将会有更加辉煌灿烂的未来。

二、近代对普洱茶保健功效的论述

（一）普洱茶降脂减肥功效

现代医学证实，普洱茶对降脂减肥有一定的功效。目前饮用普洱茶已改变了传统意义上的饮茶解渴，而是根据普洱茶特性将它与健康长寿、降脂减肥等功效联系在一起，这给普洱茶增添了新的内涵。

关于普洱茶的减肥作用，最早研究的是日本学者三野光昭，他在 1985 年的试验证明，给高脂大鼠饲喂普洱茶，可以降低高脂大鼠血管内的胆固醇和甘油三酯含量，显著降低了高脂大鼠腹部的脂肪组织重量。高胆固醇造模后的大鼠在饲喂普洱茶后，食物和饮水消耗减少，体重下降，血液和肝脏中的胆固醇和甘油三酯含量下降，高密度脂蛋白胆固醇含量增加。正常大鼠喂饲普洱茶 30 周后，体重、胆固醇和甘油三酯含量均显著降低，且降低幅度大于其他茶类如绿茶、乌龙茶和红茶，同时低密度脂蛋白胆固醇降低，而高密度脂蛋白则显著升高，抗氧化酶 SOD 活性较正常对照组要高。同时，国内研究人员也报道了喂食高脂饲料的小鼠在同时喂食晒青毛茶或普洱茶时，均能有效地抑制高脂饮食小鼠血脂的升高，并能使血清 TG、TC、LDL-C 水平全面降至正常值范围，同时使高密度 HDL-C 水平显著升高，普洱茶的效果略优于晒青毛茶。

熊昌云利用动物基础饲料（M02-F）和高脂饲料（M04-F），按照 M04-F 与 2.5%、5%、7.5% 的 2003 年普洱熟茶粉（由中国普洱茶研究院提供）分别配制成低、中、高 3 个剂量的含茶高脂饲料，搅拌机拌匀后喂养供试大鼠。在普洱茶的 3 个剂量处理组中，中、高剂量组大鼠体重有明显的下降，其作用接近于饮食控制组；低剂量普洱茶组则没有表现出对肥胖大鼠体重增长的抑制效果。有趣的是，各处理组大鼠摄食量并没有体现出显著性差异，说明经过不同剂量普洱茶处理后，肥胖大鼠体重增量的减少不是通过对食物的摄入量减少而引起的。

血清总胆固醇（TC）和甘油三酯（TG）含量是评价大鼠肥胖的重要指标。实验结束时，肥胖模型组大鼠的血清 TC、TG 水平都显著高于空白对照组（$P < 0.01$）。普洱茶处理前，肥胖模型组和各实验处理组大鼠的 TC 水平是一致的。处理后，普洱茶 3 个剂量处理组大鼠 TC 水平相对于肥胖模型组都有明显的下降，达到了显著水平（$P < 0.05$）；普洱茶中、高剂量处理组大鼠的血清 TG 水平，分别下降了 20.10% 和 25.62% 普洱茶高剂量处理组大鼠的血清 TG 水平已接近饮食控制组的 TG 水平（27.21%）。这些实验结果显示普洱茶和饮食控制都能有效降低营养肥胖型大鼠血清 TC 和 TG 含量，提高大鼠的血清指标质量，对大鼠肥胖症的预防或治疗肥胖症有着潜在的价值和意义，而且高剂量普洱茶处理的效果接近于饮食控制的效果，这将为那些为了减肥而特意控制饮食的人，提供了一条利用普洱茶来代替控制饮食减肥的途径。

高密度脂蛋白胆固醇（HDL-C）是血清总胆固醇的一个主要组成部分，被视为动物体内的"好胆固醇"。熊昌云实验结果证明，与肥胖模型组比较，普洱茶和饮食控制处理均能有效提高营养肥胖型大鼠体内血清 HDL-C 的含量。经过普洱茶处理 6 周后，低、中、高剂量处理组肥胖大鼠体内血清 HDL-C 含量分别增加了 27.59%（$P < 0.05$）、43.68%（$P < 0.01$）和 62.07%（$P < 0.01$），饮食控制组仅增加了 21.84%，（$P < 0.05$）。这表明普洱茶对肥胖型大鼠

HDL-C 指标的提高效果要优于单纯的饮食控制，且表现出剂量效应，最高剂量普洱茶处理组对提高肥胖大鼠 HDL-C 水平表现出了最好的效果。而更令人欣喜的是，最高剂量普洱茶组大鼠的 HDL-C 的水平远超过空白对照组，达到了极显著差异水平（$P < 0.01$）。

动脉粥样硬化指数（AI）是由国际医学界制定的一个衡量动脉硬化程度的指标。肥胖型大鼠在普洱茶不同剂量和饮食控制的处理下，其 AI 值下降非常明显，与肥胖模型组相比，普洱茶低、中、高剂量处理组分别下降了 57.38%、69.20%、79.75%，饮食控制组的下降率则为 62.87%，均体现出极显著差异（$P < 0.01$）。而相对于空白对照组而言，饮食控制组的 AI 值已与其持平，说明通过饮食控制可以使肥胖型大鼠动脉粥样硬化程度恢复到以前的水平，而普洱茶中、高剂量处理组的 AI 值则低于空白对照组，尤其是高剂量普洱茶处理组与空白对照组达到了极显著差异的效果。这样的结果表明普洱茶在抗动脉粥样硬化方面有着显著效果，不仅能抑制由于摄入过量高脂饲料引起的肥胖大鼠 AI 值的上升，而且还能改善正常大鼠的血清指标，降低 AI 值，减少动脉粥样硬化风险，其作用效果是单纯的饮食控制所不能达到的。

（二）普洱茶抗疲劳与抗衰老功效

普洱茶是云南特有的茶类，是以地理标志保护范围内的云南大叶种晒青茶为原料，并在地理标志保护范围内采用特定加工工艺制成的，具有独特品质特征的茶叶。随着茶叶保健功能医学证明的深入和人们对健康意识的提高，普洱茶也越来越受到世人的青睐，深受消费者喜爱。

随着社会的进步和医学模式的转变，健康的概念也发生着转变。20 世纪中后期，自世界卫生组织提出健康新概念以来，这一介于健康及疾病之间的"亚健康状态"日益为人们熟知。该状态是处于健康和疾病之间的低质健康状态及其体验，指机体无明显的疾病，却表现出活力降低，各种适应能力不同程度地减退。具体可有多种表现，其表现可归结为躯体、精神心理及社交 3 个方面。临床上，疲劳是亚健康的一种常见表现。然而，疲劳症状是一个非常普遍的症状或现象，不仅可存在于健康人群、亚健康人群中，许多疾病人群也常常存在疲劳症状。

几千年来，我国的研究学者对于衰老和抗衰老，有着独特、丰富的经验，并且形成了许多著名的理论学说，其中有很多关于抗衰老和中医养生的系统性理论著作，如《黄帝内经》《千金方》《千金翼方》等。如今疲劳与衰老已经紧密地联系在一起，因此，抗疲劳与抗衰老成了人们关注的问题。

1. 疲劳的概念

从《说文解字》到现代常用的词典工具书、百科全书及专业性辞书中，都有对疲劳的字义解释或对其词义的描述，归纳起来，具体内容如下。

（1）从字面上理解，疲劳即疲乏、困倦之义。如《说文解字注·疒部》："疲，劳也。"《玉篇·疒部》："疲，乏也。""疲，倦也。"《汉语大词典》："疲劳：疲乏，困倦。"

（2）疲劳产生的因素是多方面的。大致有 3 方面的原因：一因持续做工，超过机体所能承受的能力所致；二因某些负性情绪引起；三因疾病造成。疲劳是多种原因所致的局部组织、器官功能减退或全身不适的主观感觉，有一过性疲劳和累积性疲劳。

疲劳的表现可体现在躯体方面，如体力减退感、无力感；也可体现在精神方面，如表现为对活动（体力或脑力）的厌恶感。在行为学上表现为工作效率下降。《现代汉语词典》定义："疲劳指因体力或脑力消耗过多而需要休息。"《不列颠百科全书》定义："疲劳是一种特殊形式的人体功能不全，表现为厌恶和无力继续手头的工作。"《辞海》定义："疲劳指持久或过度劳累后造成的身体不适和工作效率减退。"《中国医学百科全书·劳动卫生与职业病学》定义："疲劳一般是指因过度劳累、体力或脑力劳动，而引起的一种劳动能力下降现象……"《简明大英百科全书》定义："疲劳是人类一种功能不全的表现形式，表现为对活动（体力或脑力）感到厌恶，难以继续进行这些活动。"《心理学词典》定义："指受早先努力工作的影响而导致的工作能力的减低。"

2. 衰老的概念

衰老又称老化，是机体各组织、器官功能随着年龄增长而发生的退行性变化，是机体诸多生理、病理过程和生化反应的综合体现，是体内外各种综合因素（包括遗传、营养、精神因素、情绪变化、环境污染等）共同作用的结果。衰老是人类生命发展中的必然趋势，是不以人的意志为转移的客观规律，任何人都不能阻止衰老的进程，但可以通过科学的方法延缓其进程。

衰老和老年病不同，衰老不是一种疾病，正常衰老过程是一个普遍存在的、渐进性的、积累性的和不可逆的生理过程。老年病，大多数是在退行性改变的基础上发生的疾病，是一种病理状态。衰老是每个人生命中必然发生的，而老年病却不是人人都会患的；衰老是一种正常的生理现象，而老年病却是属于机体的病理表现；衰老是无法避免的，而老年病却是可以预防的。衰老虽不是病，却易导致老年人患病；患上老年病之后，则进一步加快衰老的过程。

3．人体衰老的特征表现

（1）外部特征。

1）皮肤松弛发皱，特别是额部及眼角。这是由于细胞失水，皮下脂肪逐渐减少，皮肤弹性降低，皮肤胶原纤维交联键增加，造成皮肤松弛以致干瘪发皱。

2）毛发逐渐变白且变得稀少，是因为毛发中的色素减少，同时毛囊组织发生萎缩，导致毛发无法获得充足的营养而脱落。这一现象也与遗传因素有一定关系。

3）老年斑出现，这是一种称为"脂褐素"的沉淀所致，人到50岁以后，由于体内抗过氧化作用的过氧化物歧化酶活力降低（歧化酶能阻止自由基的形成），自由基的增加，以致产生更多的脂褐素积累于皮下形成黑斑。

4）齿骨萎缩和脱落，人到中年以后由于牙根和牙龈组织萎缩，牙齿就会动摇至脱落。

5）骨质变松变脆。老人的骨质变松脆，故易发生骨折。与此同时，软骨钙化变硬，失去弹性，导致关节的灵活性降低，脊椎弯曲，以致70岁前后的老人身高一般比青壮年时期减少6～10厘米，不少老人还会出现驼背弓腰现象。

6）性腺及肌肉萎缩。人在40岁以后，内分泌腺特别是性腺逐渐退化，出现"更年期"的各种症状，如女人的经期紊乱、发胖；男人发生忧郁、性亢进、失眠等。人到50岁以后，肌纤维逐渐萎缩，肌肉变硬，肌力衰退，易于疲劳和发生腰酸腿痛，腹壁变厚，腰围变大，动作逐渐变得笨拙迟缓。

7）血管硬化，特别是心血管及脑血管的硬化和肺及支气管的弹力组织萎缩等。

（2）主要的功能特征。

1）视力、听力减退。

2）记忆力、思维能力逐渐降低。大多数人在 70 岁以后记忆力会大大下降，特别是有近记忆健忘的通病（近事遗忘）。这主要是由于老年人的大脑神经细胞大量死亡的关系。

3）反应迟钝，行动缓慢，适应力低。

4）心肺功能下降，代谢功能失调。

5）免疫力下降，因此易受病菌侵害，有的还产生自身免疫病。

6）出现老年性疾病，如高血压、心血管病、肺气肿、支气管炎、糖尿病、肿瘤、前列腺肥大和老年精神病等。

4. 普洱茶抗疲劳、抗衰老

慢性疲劳已成为困扰人们正常工作和生活的一种疾病现象。长期以来，众多学者期望能寻找到一种安全、有效、无毒副作用的良方来延缓疲劳的发生和加速疲劳的消除，儿茶素有"提神解乏，明目利尿，消暑清热"的功能，具有广阔的开发前景。关于茶叶抗疲劳的研究有过少量报道，而有关普洱熟茶抗疲劳作用的报道甚少。张冬英等选用具有代表性的普洱熟茶样品，通过动物小鼠模型探讨普洱茶的抗疲劳效果。选用勐海县云茶科技有限责任公司、云南龙润茶业集团和云南省思茅茶树良种场生产的普洱熟茶，将 3 个供试茶样等量混合作为受试物。实验结果表明，普洱熟茶低、中、高剂量组的小鼠在实验结束时的平均体重与实验开始时的平均体重相比，分别增加了 25.22%、28.03% 和 18.17%，阴性对照组则增加了 31.37%。从外观上看，高剂量组小鼠体形较为瘦长。表明低、中、高剂量的普洱熟茶对小鼠体重的增长均具有显著的抑制作用，且以高剂量效果最佳。小鼠负重游泳时间是抗疲劳作用的直接反应，与抗疲劳效果呈正相关。与空白对照组相比，普洱熟茶低、中、高剂量组的小鼠负重游泳时间均有所延长，增加率分别为 25.74%、51.27%、56.00%。其中普洱熟茶中、高剂量组小鼠负重游泳时间与空白对照组相比，呈极显著差异（$P < 0.01$）。这说明中、高剂量组的普洱熟茶能极显著延长小鼠的负重游泳时间。该实验还表明，普洱熟茶能降低小鼠运动后血乳酸（BLA）、血尿素氮（BUN）的含量，增加乳酸脱氢酶(LDH)活力，且以高剂量的普洱熟茶效果最佳。有研究表明，运动后肌糖原（MG）和肝糖原（LG）的含量与抗疲劳效果呈正相关。实验结果表明，与空白对照组相比，普洱熟茶各剂量组小鼠运动后MG、LG的含量均有增高趋势。其中低、中、高剂量组小鼠的MG含量分别比空白对照组增高了28.8%、42.5%、26.0%，均呈极显著差异（$P < 0.01$）。而在LG方面，中、高剂量组小鼠的LG含量分别比空白对照组增高了22.0%、24.9%，均呈极显著差异（$P < 0.01$）；普洱熟茶低剂量组小鼠的LG含量比空白对照组增高了16.7%（$P < 0.05$）。这表明普洱熟茶能明显提高小鼠运动后MG和LG的含量。

普洱茶源于天然，有着悠久的历史和文化底蕴，在人们的日常生活中占有重要的地位，在保健功效方面有着独特的优势，与合成药相比，具有费用低廉、无毒副作用等优点，每日饮茶不仅可以消除疲劳，更能全面补充身体的其他营养成分。因此，深入研究普洱茶的抗疲劳作用具有重要意义。

（三）普洱茶抗氧化及清除自由基功效

普洱茶历来被认为是一种具有保健功效的饮料，茶性温和，老少皆宜。其中含有茶多酚、茶氨酸、生物碱、茶多糖、茶色素、维生素和矿物质等多种生物活性成分，市场上称其有抗疲劳、抗肿瘤、抗心血管疾病、抗糖尿病、抗氧化、抗菌抗病毒等一系列特殊保健功能。目前，市场上已出现多种含茶叶活性成分提取物的药品和保健食品。

近年来，自由基与多种疾病的关系已越来越被重视，自由基生物医学的发展使得探寻高效低毒的自由基清除剂——天然抗氧化剂成为生物化学和医药学的研究热点。21世纪现代农业的一个重要内容就是寻求和利用农产品新的生物活性物质，其中，抗氧化活性的研究至关重要。

抗氧化作用被认为是茶叶保健抗癌最重要的机理。普洱茶属于黑茶类，产于云南省西双版纳、普洱和临沧等地，因自古以来即在普洱集散而得名。普洱茶与红茶、绿茶的主要区别在于，经过特殊的加工工艺，普洱茶在"后发酵"

的过程中形成了一些特异的多酚类物质（可能是以儿茶素寡聚体为主的多酚类非酶性氧化产物）。近年来，普洱茶的抗氧化等生物活性已开始受到人们的重视，本书概述了近年来普洱茶抗氧化等方面的研究进展，并指出在此方面进一步研究的重要意义。

1. 普洱茶的化学成分及品质特征

普洱茶含有多酚类物及多种极为重要的抗癌微量元素和维生素等。由于普洱茶是在高温高湿的渥堆过程中，由微生物参与和作用下而生成的一类特殊的黑茶，因此其化学成分也与绿茶、乌龙茶和红茶不同。普洱茶在渥堆过程中，以黄酮类、茶多酚为主的多酚类成分在湿热和微生物作用下，发生微生物转化、酶促氧化、非酶促自动氧化，以及降解、缩合等复杂的化学反应，形成了化学结构更为复杂的酚类成分。目前，对绿茶、乌龙茶和红茶等各种茶类的化学成分已有不少的研究报道，茶的活性物质如茶多酚、茶色素、茶皂素、茶多糖等的化学特性与结构也在不断被阐明，但对普洱茶尚未有较详细的研究报道。

普洱茶的品质特点是色泽棕褐、条索肥壮、汤色红浓，具有独特陈香，滋味浓厚醇和回甘。从普洱茶色、香、味、形的品质特点来看，则以"越陈品质越佳"著称，这也是普洱茶与其他茶类的最大区别之处。普洱茶品质的形成是由加工工艺的特殊性决定的。普洱茶在渥堆过程发生了以茶多酚为主体的一系列复杂而又剧烈的化学反应，生成了更加复杂的、对普洱茶品质有利的物质。普洱茶中没食子酸的含量显著增高，而茶氨酸的含量则明显降低。普洱茶汤中的收敛性和苦涩味物质明显降低，可溶性糖明显增加（在高温湿热和微生物的共同作用下有利于大分子碳水化合物分解成可溶性糖），形成了普洱茶色泽红褐、滋味醇厚、香气陈香的品质特征。

2. 普洱茶的抗氧化机理

目前的研究报道表明普洱茶抗氧化机制大致通过以下三个途径：①抑制或直接清除自由基的产生。有报道普洱茶浸提物具有很强的清除轻自由基能力和抑制氧化氮自由基生成的能力。有研究表明普洱茶提取物可有效地在芬顿 Fenton 反应体系中发挥自由基清除作用，保护 DNA 超螺旋结构，防止链断裂。揭国良等研究表明普洱茶水提物中的乙酸乙酯萃取层组分和正丁醇萃取层组分对 DPPH 和轻自由基均有较强的清除能力。②抑制脂质过氧化。上海交通大学附属第六人民医院转化医学中心贾伟教授课题组和上海中医药大学交叉科学研究院李后开教授首次系统揭示了普洱茶减肥降脂的作用机制。研究人员给正常饮食和高脂饮食两组小鼠饮用普洱茶26周。对照研究发现，在小鼠饮食量不变或增加的情况下，普洱茶可明显降低小鼠体重，而且可显著降低血清和肝脏总胆固醇及甘油三酯水平。在降低胆固醇方面，萧明熙等以普洱茶的水提物（PET）为试验材料，探讨其于体外试验中对胆固醇生物合成的影响，以及在活体动物中是否具有降血脂的效果，研究结果发现，PET 在人类肝癌细胞株（HePG2）模式系统中，可以减少胆固醇的生物合成，且其抑制作用在生成甲羟戊酸之前。在动物试验中，也证实普洱茶有抑制胆固醇合成的效果。此外，还可降低血中的胆固醇、甘油三酯及游离脂肪酸水平，并增加粪便中胆固醇的排出。孙璐西等研究表明普洱茶水提物具有明显的抗氧化活性，清除自由基，降低 LDL 不饱和脂肪酸的含量，以降低 LDL 的氧化敏感度。③螯合金属离子。有学者报道普洱茶水提物具有螯合金属离子、清除 DPPH 自由基和抑制巨噬细胞中脂多糖诱导产生 NO 的效果。普洱茶有很强的抗氧化性，能够清除 DPPH 自由基和抑制 Cu^2+ 诱导的低密度脂蛋白（LDL）氧化。

普洱茶属后发酵茶，绿茶属不发酵茶。普洱茶渥堆的实质是以晒青毛茶（绿茶）的内含成分为底物，在微生物分泌的胞外酶的酶促作用、微生物呼吸代谢产生的热量和茶叶水分的湿热协同下，发生的茶多酚氧化、缩合、蛋白质和氨基酸的分解、降解，碳水化合物的分解以及各产物之间的湿热、缩合等一系列反应。因此，普洱茶与绿茶在组成成分及抗氧化作用方面有较大差异。

大量的研究报道证实，绿茶中的多酚类物质具有较强的清除自由基和抗氧化活性。有研究报道普洱茶提取物在 Fenton 反应体系中自由基清除作用、抑制巨噬细胞中脂多糖诱导产生 NO 的能力与螯合铁离子作用均强于绿茶、红茶、乌龙茶提取物；200 微克 / 毫升普洱茶水提物的抑制脂质过氧化能力与其他茶类（绿茶、红茶和乌龙茶）相比无显著性差异，但当浓度增至 500 微克 / 毫升时，普洱茶水提物抑制能力均强于其他茶类。据推测可能是聚合儿茶素或茶多糖等物质在普洱茶的生物活性中发挥一定作用。普洱茶降低甘油三酯（TG）水平超出绿茶与红茶；在脂蛋白（LP）中，4% 的普洱茶可以提高 HDL-C 水

平和降低 LDL-C 水平，绿茶与红茶均在降低 LDL-C 水平的同时也降低了
HDL-C 水平；普洱茶组更能降低动物脂肪组织的重量，后发酵的普洱茶比不
发酵的绿茶更有效地抑制了脂肪生成。

　　不同的发酵程度影响了绿茶、红茶与普洱茶的多酚组成与含量差异。绿茶
杀青加工过程中，利用高温钝化酶的活性，在短时间内制止由酶引起的一系列
氧化反应，因此绿茶中多酚类物质主要是未经氧化的儿茶素类。红茶与普洱茶
均属于"发酵茶"，二者的化学成分具有一定的相似之处，如具有相当量的没
食子酸、未参加多酚氧化反应的 GC 等，但由于二者的发酵方式及条件不同，
也存在诸多化学成分的差异，红茶的多酚类物质还存在一些儿茶素类经酶促氧
化（PPO 与 POD）或非酶促氧化形成的聚合物如 TF 等。普洱茶由于有微生物
参与作用，在漫长的温、湿的环境条件下其多酚类的变化更为复杂，且具有一
定量的黄酮类化合物。在该研究中，红茶（水提物）仅含有约 1% 茶黄素，可
能是大部分茶黄素进一步氧化转化为茶红素或茶褐素等物质，普洱茶中大多数
儿茶素已被氧化，仅存在一定量的 GC（约占水提物的 5.4%），且高于绿茶与
红茶。尽管普洱茶中多酚的含量比绿茶类少，但用超滤分离法得到的普洱水提
物经分析后的高分子量物质（MW > 3000Daltons）多于 50%（w/w），且普
洱茶中没食子酸的含量高于绿茶。

　　研究表明茶叶中多酚类化合物清除自由基的能力已远远超过维生素 C 和维
生素 E 等抗氧化剂。结果表明体外清除 DPPH 自由基能力大小依次为绿茶＞红
茶＞普洱茶。

　　SOD 与 GSH-PX 是机体内清除自由基的重要抗氧化酶，对机体的氧化与
抗氧化平衡起着至关重要的作用。研究结果表明，红茶与绿茶均能有效提高
SOD 活性，且红茶略高于绿茶，而普洱茶对 SOD 活性则起抑制作用，这与
Kuo 报道的基本一致。三类茶对 GSH-PX 的活性均有促进作用，且普洱茶组
对肝组织中的 GSH-PX 活性促进作用均强于绿茶与红茶。

　　普洱茶的化学成分非常复杂，多酚类、黄酮类、多糖类等化合物均具
有较强的抗氧化活性。醋酸乙酯萃取部位为抗氧化活性部位，从该部位分离
鉴定出的化合物主要有儿茶素类化合物、黄酮类化合物（山萘酚槲皮素和杨
梅素）以及黄酮的糖苷等，均具有较多的羟基及较强的自由基清除能力。
没食子酸是普洱茶中的主要抗氧化活性成分之一。金裕范等比较云南 5 个

产地普洱茶的抗氧化活性，选择 3 年发酵的普洱饼茶，采用 DPPH 测定其抗氧化活性和自由基消除活性。研究结果表明，5 个产地的普洱茶提取物均具有一定的抗氧化活性，以云南大理下关产普洱茶的抗氧化能力最强，其 EQ50 值为 8.88 毫克 / 升，云南普洱最弱，其 EC50 值为 21.81 毫克 / 升，云南 5 个产地普洱茶抗氧化活性的强弱顺序：大理下关普洱茶＞西双版纳普洱茶＞临沧普洱茶＞红河普洱茶＞普洱市普洱茶，表明普洱茶是一种优良的天然抗氧化剂和自由基消除剂，云南不同产地普洱茶的抗氧化活性略有差异。

第七章　普洱茶经典文选鉴赏

云南是普洱茶的原产地，这是有历史可考证的。普洱茶和其他茶中珍品一样，从发现到利用都经历了一段漫长的岁月。

第一节　普洱茶史料文献

一、史地

茶经·七之事（节选）
（唐）陆羽

蒲桃宛柰，齐柿燕栗，峘阳黄梨，巫山朱橘，南中茶子，西极石蜜。

云南志·云南管内物产·卷七（节选）
（唐）樊绰

茶出银生城界诸山，散收无采造法。蒙舍蛮以椒姜桂和烹而饮之。

续博物志·卷七（节选）
（南宋）李石

西蕃之用普茶，已自唐时。茶出银生诸山。采无时。杂椒姜烹而饮之。

云南通志（节选）

（明）李元阳 等

车里（辖地在今西双版纳到思茅地区一带）之普洱，此处产茶。有车里一头目居之。

云南通志（节选）

（明）李元阳 等

下路由景东历赭乐甸，行一日至镇沅府，又行二日始达车里宣慰司之界。行二日至车里之普洱，此处产茶，一山耸秀，名光山，有车里一头目居之。蜀江孔明营垒在焉，又行二日至大川原轮，广可千里，其中养象，其山为孔明寄箭处，又有孔明碑，苔泐不辨字矣。

物理小识（节选）

（明）方以智

普雨茶蒸之成团，西番市之，最能化物。与六安同，按：普雨，即普洱也。

滇略·卷三（节选）

（明）谢肇淛

滇苦无茗，非其地不产也；土人不得采造之方，即成而不知烹瀹之节，犹无茗也。昆明之太华，其雷声初动者，色香不下松萝，但揉不匀细耳。点苍感通寺之产过之，值亦不廉。士庶所用，皆普茶也，蒸而成团，瀹作草气，差胜饮水耳。

万历云南通志·卷十六（节选）

（明）各部官员编制

在普洱设官经理茶贸，茶由此集散，所以称普洱茶。

元江府志

（清）章履成

普洱茶，出普洱山，性温味香，异于他产。

本草纲目拾遗（节选）

（清）赵学敏

普洱山在车里军民宣慰司北，其上产茶，性温味香，名普洱茶。

滇海虞衡志·卷十一志草木（节选）

（清）檀萃

普茶名重于天下，此滇之所以为产而资利赖者也。出普洱所属六茶山：一曰攸乐，二曰革登，三曰倚邦，四曰莽枝，五曰蛮嵩，六曰慢撒，周八百里。入山作茶者，数十万人，茶客收买，运于各处，每盈路可谓大钱粮矣。尝疑普茶不知显自何时？宋自南渡后，于桂林之静江军，以茶易西番之马，是谓滇南无茶也。故范公志桂林自以司马政，而不言西蕃之有茶，顷检李石《续博物志》云："茶出银生诸山，采无时，杂椒姜烹而饮之。"普洱古属银生府，则西番之用普茶，已自唐时。宋人不知，犹于桂林以茶易马，宜滇马之不出也。李石于当时无所见闻，而其为志，记及普愲端伯诸人。端伯当宋绍兴间，犹为吾远祖檀倬，墓志则尚存也。其志记滇中事颇多，足补史缺云。茶山有茶王树，较五茶山独大，本武侯遗种，至今夷民祀之。倚邦、蛮嵩茶味较胜。又顺宁有太平茶，细润似碧螺春，能经三沦犹味也。大理有感通寺茶，省城有太华寺茶，然出不多，不能如普洱之盛。

滇系·山川

（清）师范

普洱府宁洱县六茶山，曰攸乐，即今同知治所；其东北二百二十里曰莽枝，二百六十里曰革登，三百四十里曰曼砖，三百六十五里曰倚邦，五百二十里曰曼洒。山势连属，复岭层峦，皆多茶树。六茶山遗器……又莽枝有茶王树，较五茶山树独大，传为武侯遗种，夷民祀之。

中国古今地名大辞典（节选）
（民国）臧励龢 等

普洱山地名。宁洱县境，产茶……名普洱茶，清时普洱府以是名。

新纂云南通志（节选）
（民国）方国瑜 等

普洱明朝时锦袍（即现在东门山）又名光山，在宁洱东二里，山有垒址。相传武侯南征结营于此，向有车里头目居之。

二、栽培

普洱府志稿（节选）
（清）武备志 等

茶稀株种植，株行距 1.3 米间见方。以直播为主，间苗移栽为辅。秋季采种，当即播种或收储备用。直播每塘下种 3～4 粒，与樟、柏混种茶，为 300～400 株。

普洱府志稿·卷十九物产（节选）
（清）阮福

难得种茶之家，芟锄备至，旁生草木，则味劣难售。或与他物同器，则染其气而不堪饮矣。

普洱府茶记（节选）
（清）阮福

茶产六山，思茅志稿又云：气味随土性而异，生于赤土或土中杂石者，最佳。

道光普洱府志稿·卷八物产（节选）
（清）郑绍谦 等

茶，产普洱府边外六大茶山。其树似紫薇，无皮曲拳而高，叶尖而长，花白色，结实圆勺如栟榈子蒂，似丁香根如胡桃。土人以茶果种之，数年新株长成，叶极茂密，老树则叶稀、多瘤如云雾状，大者制为瓶，甚古雅；细者如栲栳可为杖。

新纂云南通志·物产考五（节选）
（民国）方国瑜 等

茶属山茶科。常绿乔木或灌木。通常有五六尺之高，枝丫密生，叶披针形或椭圆形，边缘有细锯齿，互生，质厚而滑泽。秋后自叶腋抽出短梗，上缀六瓣白花。雄蕊多花丝，下部相连成环；雌蕊一子房三室，各室有二枚之胚珠，即茶果也。延至翌年初秋，始行成熟。滇产茶树，均以采叶为目的，而栽培之此种植物，性好湿热，适于气候湿润，南面缓斜深层壤土，河岸多雾之处。我滇思普属各茶山多具以上条件，故为产茶最著名之区域。

三、采制

普洱茶记（节选）
（清）阮福

采于三四月者，名小满茶；采于六七月者，名谷花茶；大而圆者，名紧团茶；小而团者，名女儿茶；女儿茶为妇女所采，于雨前得之，即四两重团茶也，其入商贩之手；而外细内粗者，名改造茶；将揉时预择其内劲而不卷者，名金玉天；其固结而不改者，名疙瘩茶。味极厚。

普洱府志稿·卷十九物产（节选）
（清）武备志 等

收取鲜茶时，须以三四斛鲜茶，方能折成一斛干茶。

普洱府志稿·卷十九物产（节选）
（清）武备志 等

二月间开采，蕊极细而白，谓之毛尖。采而蒸之，揉为茶饼。

新纂云南通志·物产考五（节选）
（民国）方国瑜 等

普茶之采收，均有当地专门术语：春季摘其嫩者，谓之毛尖，经过蒸、揉、搓、烘、焙等手续，始行运市出售；至摘其叶之少放而尤嫩者，曰芽尖；采于三四月者，曰小满茶；采于七八月者，曰谷花茶。茶大而圆者，曰紧团茶。其入商贩手，而外细内粗者，曰改造茶。此采茶时之名目也。至制成之茶多属绿茶。

四、品论

本草纲目拾遗（节选）
（清）赵学敏

普洱茶清香独绝也。

滇南新语·滇茶（节选）
（清）张泓

滇茶有数种，盛行者曰木邦曰普洱。木邦叶粗洁涩，亦作团，冒普茗，以愚外贩，因其地相近也，而味自劣。普茶珍品，则有毛尖、芽茶、女儿之号。茶尖即雨前所采者，不作团，味淡香如荷，新色嫩绿可爱；芽茶，较毛尖稍壮，采制成团，以二两四两为率，滇人重之；女儿茶亦芽茶之类，取于谷雨后，以一斤至十斤成一团，皆夷女采治，货银以积为奁资，故名。制抚例用三者充岁贡。其余粗普叶皆散卖滇中，最粗者熬膏成饼，摹印，备馈遗。而岁贡中亦有女儿茶膏并进。

滇南闻见录·下卷（节选）
（清）吴大勋

团茶产于普洱府属之思茅地方，茶山极广，夷人管业。采摘烘焙，制成团饼，贩卖客商，官为收课。每年土贡有团有膏，思茅同知承办。团饼大小不一，总以坚重者为细品，轻松者叶粗味薄。其茶能消食理气，去积滞，御风寒，最为有益之物。煎熬饮之，味极浓厚，较他茶为独胜。

道光普洱府志稿（节选）

（清）郑绍谦 等

茶味优劣别之，以山首数蛮砖，次倚邦，次易武，次莽枝。其地有茶王树，大数围，土人岁以牲醴祭之。其曼撒，次攸乐，最下则平川产者名坝子茶。此六大茶山之所产也。其余小山甚多，而以蛮松产者为上，大约茶性所宜，总以产红土带砂石之阪者多清芬耳。茶之嫩老则又别之，以时二月采者为芽茶，即白毛尖；三四月采者为小满茶，六七月采者为谷花茶，熬膏外则蒸而为饼，有方有圆，圆者为筒干茶，为大团茶，小至四两者为五子圆。拣茶时其叶黄者名金蜷蝶；卷者名疙瘩茶。每岁除采办贡茶外，商贾货之远方。

新纂云南通志·物产考五（节选）

（民国）方国瑜 等

普洱茶之名，在华茶中占特殊位置，远非安徽、闽、浙可比。普茶之可贵，即在采自雨前，茶素量多，鞣酸量少，回味苦凉，无收涩性，芳香油清芬，自然不假熏作，是为他茶所不及耳。

梵天庐丛录·普洱茶

（民国）柴萼

普洱茶产于云南普洱山，性温味厚，坝夷所种，蒸制以竹箬成团裹。产易武、倚邦者尤佳，价等廉金，品茶者谓普洱之比龙井，犹少陵之比渊明，识者甋之。

五、税课

光绪普洱府志稿·卷十七食货志四（节选）

（清）陈宗海 等

大清会典事例：雍正十三年，题准云南商贩，茶系每七圆为一筒，重四十九两，征收税银三钱二分。于十三年为始，颁给茶引三千饬，发各商行销办课作为定额，造册题销。〔又〕乾隆十三年议准云南茶引，颁发到省，转发丽江府，由该府按月给商赴普洱贩卖，运往鹤庆州之中甸各番夷地主行销，其稽查盘验，由邛塘关金沙江渡口照引查点，按例抽税。其填给部引赴中甸通判衙门呈缴，分季汇报，未填残引，由丽江府年终缴司。

大清会典事例（节选）
（清）户部编制

雍正十三年，题准云南商贩，茶系每七圆为一筒，重四十九两，征收税银三钱二分。

清史稿·食货志五（节选）
（民）赵尔巽 等

四川有腹引、边引、土引之分。腹引行内地，边引行边地，土引行土司。而边引又分三道：其行销打箭炉者，曰南路边引；行销松潘者，曰西路边引；行销邛州者，曰邛州边引。皆纳课税，共课银万四千三百四十两，税银四万九千一百七十两，各有奇。云南征税银九百六十两。贵州课税银六十余两。凡请引于部，例收纸价，每道以厘三毫为率。

雍正十三年，复停甘肃中马。始订云南茶法，以七元为一筒，三十二筒为一引。照例收税。

六、贡茗

华阳国志·巴志
（东晋）常璩

周武王伐纣，实得巴蜀之师，著乎尚书……其地东至鱼腹，西至僰道，北接汉中，南极黔涪。土植五谷，牲具六畜，桑蚕麻苎，鱼盐铜铁，丹漆茶蜜……皆纳贡之。

禁压买官茶告谕（节选）
（清）陈宏谋

每年应办贡茶，系动公件银两，发交思茅通判承领办送，原令照时价公平采买。上年署通判刘永骏不遵公令，多买短价，扰累夷方；奉两院宪特疏题参在案。今岁贡茶，本司仰体两院宪恤民德意，将上年买存之茶拣选供用外，仅需补买贡茶二百余斤，此外无须多买。诚恐承办官役仍指称官茶名色，短价多买，扰累夷方，合行示谕茶山地方汉夷官民人等知悉。今岁采办官茶，尚须遵照，不敷之数按照时价，公平采买。如有不法官役，借名多买，短价压送，扰累夷民，或经访查，或被告发，官则立即详参，役则立毙杖下，各宜凛遵毋违。

本草纲目拾遗（节选）

（清）赵学敏

普洱茶，大者一团五斤，如人头式，名人头茶，每年入贡，民间不易得也。有伪作者，乃川省与滇南交界处土人所造，其饼不坚，色亦黄，不如普洱清香独绝也。

普洱茶记（节选）

（清）阮福

福又拣贡茶案册，知每年进贡之茶，列于布政司库铜息项下，动支银一千两，由思茅厅领去转发采办，并置办收茶锡瓶缎匣木箱等费。其茶在思茅本地，收取鲜茶时，须以三四斤鲜茶，方能折成一斤干茶。每年备贡者，五斤重团茶、三斤重团茶、一斤重团茶、四两重团茶、一两五钱重团茶，又瓶盛芽茶、蕊茶，匣盛茶膏，共八色，思茅同知领银承办。

道光普洱府志稿（节选）

（清）郑绍谦 等

思茅厅每岁承办贡茶，例于藩库银息项下支银一千两转发采办，并置收茶锡瓶、缎匣、木箱等费。每年备贡者五斤重团茶，三斤重团茶，一斤重团茶，四两重团茶，一两五钱重团茶；又瓶盛芽茶、蕊茶，匣盛茶膏，共八色。

普洱府志稿·卷十九物产（节选）

（清）武备志 等

二月间采蕊，极细而白，谓之毛尖。以作贡，贡后方许民间贩卖。

清史稿·食货志五（节选）

（民）赵尔巽 等

茶法：我国产茶之地，惟江苏、安徽、江西、浙江、福建、四川、两湖、云贵为最。明时茶法有三：曰官茶，储边易马；曰商茶，给引征课；曰贡茶，则上用也。清因之。于陕甘易番马，他省则招商发引纳课。间有商人赴部领销者，亦有小贩领于本籍州县者，又有州县承引，无商可给，发种茶园户经纪者。户部宝泉局铸制，引由备书例款，直省预期请领，年办年销。茶百斤为一引，不及百斤，谓之畸零，另给护贴。行过残引，皆缴部。开伪造茶引，或作假茶与贩，及私与外国人买卖者，皆按律科罪。司茶之官，初沿明制。陕西设巡视茶马御史五：西宁司驻西宁，姚州司驻岷州，河州司驻河州，庄浪司驻平番，甘州司驻兰州。

茶叶通史（节选）

（近代）陈椽

云南普洱亦是明朝名茶，资纾不知也……惟以易武（镇越）及倚邦、蛮砖所产者味较佳胜，制为大、中、小三等，销行国内为药用。大者团 5 斤，如人头式，名人头茶，每年入贡，民间不得易也。（据《新纂云南通志》考，倚邦、蛮砖二茶山均属普洱。）

七、药用

滇南本草（节选）

（明）兰茂

滇中茶叶，主治下气消食，去痰除热，解烦渴，并解大头瘟。天行时症，此茶之巨功，人每以其近而忽视之。

普济方（节选）

（明）滕硕

治大便下血，脐腹作痛，里急重症及酒毒，用普茶半斤碾末，百药煎五个，共碾细末，每服二钱匙，米汤引下，日二服。

物理小识（节选）

（明）方以智

普洱茶膏能治百病。如肚胀受害，用姜汤散，出汗即愈；口破喉，受热疼痛，用王分嘀口，过夜即愈；受暑擦破皮者，开敷立愈。

本草纲目拾遗（节选）

（清）赵学敏

疮痛化脓，年久不愈，用普洱茶隔夜腐后敷洗患处，神效。治体形肥胖，油蒙心包络而至怔忡，普茶去油腻，下三虫，久服轻身延年。

本草纲目拾遗（节选）

（清）赵学敏

普洱茶出云南普洱府，成团。有大，中，小三等。《云南志》："普洱山在车里军民宣慰司北，其上产茶，性温味香，名普洱茶。"《南诏备考》："普洱茶产攸乐、革登、依邦、莽枝、蛮砖、曼撒六茶山。而以依邦、蛮砖者味较胜。味苦性刻，解油腻牛羊毒。虚人禁用，苦涩逐痰下气，刮肠通泄。"

百草镜（节选）

（清）赵学楷

闷厥者有三：一风闭；二食闭；三火闭；惟风闭最险。凡不拘何闭，用茄梗伏月采，风干房之焚之，内用普洱茶二钱煎服，少顷尽出。费客斋子患此，已黑暗不治，得此方试效。

黎歧纪闻（节选）

（清）张庆长

黎茶粗而苦涩，饮之可以消积食，去胀满。陈者尤佳，大抵味近普洱茶，而功用亦同之。

验方新编（节选）

（清）鲍相璈

治伤风、头痛、鼻塞：普茶三钱，葱白三茎，煎汤热服，盖被卧，出热汗后愈。

随息居饮食谱

（清）王士雄

茶：微苦、微苦而凉。清心神，醒睡除烦；凉肝胆，涤热消痰；肃肺胃，明目解渴。普洱产者，味重力峻，善吐风痰，消肉食。凡暑秽痧气、腹痛、霍乱、痢疾等症初起，饮之辄愈。

第二节　普洱茶传说故事

一、普洱府贡茶

普洱府历朝历代都有贡茶，多以地方官土贡的形式进贡。清代茶业进入鼎盛时期，圣祖曾颁布征收贡茶悬赏诏书，有"进献贡茶者，庶民可升官，犯人可减刑"等规定，由此普洱的贡茶源源不断地流入京城，并深受喜爱。发生在清朝乾隆年间的一件事，更是改变了普洱茶的命运，使其成为御贡，普洱茶由此到达鼎盛。

清乾隆年间，由于普洱茶独特的风味，深深吸引了乾隆这位号称"不可一日无茶"的皇帝，虽然品尽天下名茶，但其还是对普洱茶情有独钟。

这一年，又到了岁贡之时，普洱府按贡茶制作要求，精选日子、时辰、茶山，加工茶芽。通过一道道繁杂的贡茶制作工序，制成饼、团、蕊、芽等贡茶；经普洱府茶局验收、打包、压印花后，运送进京。

贡茶进贡的时间是每年初春时节，茶要于清明之前由快马直送北京。但由于普洱府地方官员想讨好皇帝，希望得到赏识，故该年的贡茶多于以往，所以马队的行程明显慢于往年。

马队刚出普洱府，进入茶庵鸟道，就遭到一帮蛮匪拦路抢劫。清兵奋勇抵抗，但寡不敌众，于是丢下马帮，退回茶庵堂，等调兵支援。

第二天，支援的军队到来后迅速进山搜擒贼匪。贼匪知其抢物为贡茶，所犯乃是杀头之罪后，早已畏罪潜逃。找回的贡茶虽然完好无损，但已被春雨淋湿。

清兵，重新装驮茶叶，火速上路。以往快马运送贡茶只需一个多月，即可到京城；而这次从普洱到昆明，走官马大道就已耽误了 18 天，再到北京，总共耗时长达 3 个月。

马队抵京时，正值库房开启之日。为少受处罚，负责押送茶叶的官员对茶库的官员上下打点，增加了礼物的分量，茶库从二品员外郎至六品司库，皆收到礼物。此时正值乾隆南巡到杭州，未在京城，所以司茶官员在对贡茶进行验收后，即入库弥封。

弥封是清朝对贡茶管理出入库房的一项制度。规定无论职位尊卑，皆不准单独一人启封入库；出库时，锁眼必须弥封并标示时日。广储司茶库规定逢三、六、九为开库日，备收发，余日其钥匙皆存放于侍卫处。

能轻松交差，马队一行人甚是高兴，开始在京城中散心、游玩，等乾隆回京传召、复命。乾隆游览了各地名山大川，品尝了各种名茶后才尽兴而归。在这一段时间，存放于库房中的普洱府贡茶，因环境的改变和时间的延长，悄然发生着改变。

乾隆回宫处理完朝中政事，要饮普洱茶，于是层层通传后，由员外郎偕六品司库去开库取茶。当其开启库房时，忽然一阵蜜中带陈香的味道扑鼻而来，香气由普洱茶堆中发出，遂打开查看，只见原本应绿中泛白的青茶饼变成了褐色。茶房总管问其缘故，员外郎谎称是普洱府新制的陈香贡茶。

茶房总领释然，遂取茶送到茶房煎制。其等知其为新品名茶，煎制时更是倍加小心，选清泉贡水，以妙器配之，用江苏宜兴五色陶土烧制的紫砂贡壶煎煮茶汤，并用白色美玉贡杯盛之。只见茶汤在白玉的衬托下，更为红浓明亮，犹如红宝石般闪亮异常。

乾隆揭开茶杯金盖，眼前一亮，红浓明亮的汤色光彩照人，沉香浓郁直沁心脾；品一口茶汤，滋味浓醇回甘，绵甜爽滑。乾隆对其大加赞赏，欣喜问道："此普洱府贡茶何故如此？"御茶房巧答曰："时逢盛世，普洱府贡茶才呈此红光普照之色，这乃吉祥如意也。"乾隆大喜，遂传召见护送普洱府贡茶入宫的一行人。

此时，押送茶叶的官员正为雨水淋坏贡茶犯下欺君之罪而犯愁，忽闻乾隆召见，认为大势已去，怀着一死之心入宫面圣，把事情的始末禀于乾隆后，跪候以待发落。不料乾隆知晓其缘由后，非但没怪罪其等，反而重赏马队一行人，并写下了"防微犹恐开奇巧，采茶犹览民艰晓"的诗句警示自己，并告诫群臣，时刻勿忘体恤茶农之辛劳。

此后人们知道普洱府茶经过一段时间的存放，其色香味可以得到提升，故普洱府贡茶每年进贡时限得到放宽，甚至隔年的茶，都可进贡。《禁压买官茶告谕》中记载："每年应办贡茶，系动公件银两，发文思茅通判承领办送，原令照时价公平采买。上年署通判刘永竣不遵公令，多买短价，扰累夷方，奉两院宪特疏题参在案。今岁贡茶，本司仰体两院宪恤民德意，将上年买存之茶拣选供用外，仅需补买贡茶二百余斤，此外无须多买。诚恐承办官役仍指称官茶名色，短价多买，扰累夷方，合行示谕茶山地方汉夷官民人等知悉。今岁采办官茶，尚须遵照，不敷之数按造时价，公平采买。如有不法官役，借名多买，短价压送，扰累夷民，或经访查，或被告发，官则立即详参，役则立毙杖下，各宜凛遵毋违。"

乾隆五十二年（1787年），普洱府御贡茶由两种增至七种，称七色御贡茶。自乾隆之后，对普洱茶的冲泡多称为泡一壶普洱茶，这种说法后来传至广东沿海一带，一直沿用至今。

二、人头茶风波

明代建国之初，沿袭宋制设立茶马司。朝廷很重视茶马法，为加强边茶贸易，每年还派御史巡视茶马事宜。当时地方官府巡查关隘，防范极严。尽管如此，不少人还是贪图以茶易马的厚利，经常偷贩私茶，此等风气愈演愈烈。

洪武三十年（1397年），朱元璋为禁止贩卖私茶的现象，颁布律令规定：对偷运私茶出境者，一律处以极刑。

普洱人头茶进贡朝廷之际，那氏为讨好朱元璋的女婿欧阳伦，把人头茶作为礼物，送予欧阳伦。恰逢其奉命出使西域，临走前随身携带了一批私茶赴任，企图牟取暴利，其中包括人头茶数十个。欧阳伦赴任途中，与人发生争执，该人为报复，向朝廷揭发了贩卖私茶的行为。

朱元璋得知后大怒，曰："尔头不及茶头也！不杀一儆百，又怎能抑制贩运私茶猖獗之势？"

于是下诏，赐驸马欧阳伦死；陕西布政官吏对欧阳伦贩运私茶知情不报，因严重失职一并斩首示众。

三、茶王传情

普洱勐先一带的哈尼族从古至今都有祭祀"茶王树"的习俗；因勐先板山有一棵多人才能合抱的、相传是上千年的"茶王树"，每年农历二月八日，人们都会从各地赶来，对茶王树进行祭祀、膜拜。茶叶在当地是吉祥的信物，多数人临走时还会带走两片茶叶，寓意将幸福、吉祥带回家。

在哈尼族，茶是结婚时认亲的重要礼物。结婚时新郎、新娘双方在"认亲礼"上要送茶糖；宴请宾客时，还要向来宾敬献茶糖水。哈尼族的年轻男女还把茶叶作为爱情的信物，编成甜蜜的情歌进行传唱：

春天是美好的，爱情是甜蜜的。

姑娘心中的秘密，只有茶花知道；

小伙子心中的话，写在茶叶的叶纹里；

叶纹中的歌，叶纹中的诗，只有心细的姑娘才能读懂。

每年祭祀茶王树时，都会举行对歌的仪式，借歌声来找寻自己的伴侣。

据说该习俗，还有一个与之相关的美丽传说。

据说有一年，哈尼族各村寨庄稼大丰收，相约要在茶王树下举行盛大的祭祀活动以贺丰年；还要举行"资乌都"，即欢乐幸福的酒会。祭祀时，各家各户都会烹制各种美味佳肴，用小簸箕装盛，端至茶王树旁，摆成长达百十米的宴席。还会搭建设置一些哈尼族的传统娱乐设施，如车秋、甩秋、磨秋等。

祭祀前，所有哈尼族人都准备好崭新的传统民族服装，准备到时穿着。哈尼山寨上下焕然一新，格外喜庆。有个叫扎耶的勐先蚌扎寨的小伙子，尤为兴奋，因为他在去年祭祀"茶王"时，收到了一个陌生姑娘的信物——两片茶叶。作为对爱情的考验，两人约定来年再见面。所以他对今年的祭祀活动甚是期待。

这天，天刚拂晓，各寨族人就已聚集在茶王树下，举行祭祀。人们供献茶酒及祭品，祈求茶王树保佑寨中五谷丰登，六畜兴旺，保佑人们的生活幸福美满。祭礼完毕后，由主持人"阿窝"朗诵完祝词后，人们随即高喊"沙收噗"（哈尼语欢乐幸福之意），"资乌都"活动便开始了。酒会中人们互敬酒水，以表达喜悦之情，传达祝福之意。庆祝活动中，各种表演活动争相上阵，精彩而富特色的表演引来大家的阵阵喝彩，"沙收噗"的欢庆呼喊声不绝于耳，响彻山寨内外。

小伙子扎耶早已按捺不住心中的思念，他依照约定，离席顺着流淌的泉水，向山底走去。远处不时传来美妙动听的《采茶歌》：

> 哎——
> 采茶姑娘顺山来，
> 枝枝春茶香又甜。
> 心灵手巧采茶忙，
> 采了一片又一片。

扎耶听出这是他日夜思念的声音，顺着歌声的方向望去，他看到茶王树边坐着一位美丽的姑娘，扎耶欣喜非常，随即也唱道：

> 哎——
> 姑娘歌声像桂花，
> 唱得茶山香万里。
> 有心与妹对支歌，
> 只怕阿妹看不起。

歌声惊动了这位美丽的哈尼族姑娘，她听到自己思念的声音，四处张望，看到了扎耶。两人相见之后很是高兴，但为了确定对方的心思和消除自己心中的疑虑，他们还是以歌声相互问道：

> 哎——
> 茶王山箐路千条，
> 阿哥为何到这里？

莫是采茶姑娘多，

还是山泉甜似蜜？

哎——

春天茶树才发芽，

茶树开花为结籽。

阿妹歌声似茶水，

滴滴甜进哥心里。

哎——

茶花开后才结籽，

山桃熟透才有蜜。

只道山歌唱得好，

谁知果中可有蜜？

哎——

妹是茶山茶一果，

花香飘在哥心里。

只顾好花日日开，

哥做花上露一滴。

哎——

山泉一心找大海，

不怕山路陡又曲。

阿哥有心找阿妹，

什么信物作证据？

　　扎耶听到姑娘的问题，联想到茶的绿色，象征着生命；茶的嫩芽，象征着新生活的开始；茶的叶，象征着天长地久的感情；茶花的芳香，象征着甜蜜的爱情；他们之间的感情是用茶叶来维系的，于是伸手在"茶王树"上采了两片茶叶，递到姑娘手中。幸福之花在他们之间绽放，从此他们过上了幸福美满的生活。

　　他们的故事流传开来，人们非常羡慕他们的感情，所以后来茶山的年轻男女都视茶叶为爱情的信物。茶叶也成就了很多美满的姻缘，淡淡的茶水，"饮出"了人们幸福美满的生活。

四、茶王树的传说

关于"茶王树"的由来，在普洱哈尼族、彝族自治县的勐先、普义一带，流传着这样一个故事。

古时，有一个忠厚老实的哈尼族孤儿，他以帮当地富裕人家放牛为生。一天，富家老爷对他说："我给你三头公牛、两头母牛、半袋米、一口土锅、一条毡子，你上板山放牛，那里水清草嫩，又有吃不完的各种山果；等牛到一百头的时候，你就带它们下山，到时我给你土地，并为你盖上房子，让你成家。"

孤儿答应了，带上东西上了板山。随后，他白天在山间放牛，晚上歇于山洞，过着日出而作，日落而息的生活。一天，他在放牛时，无意间救了一只鹿，孤儿把鹿带回山洞为其疗伤。他的行为感动了鹿，在鹿伤好临走之际，它忽然开口对孤儿说："善良淳朴的孩子，你救了我，我没有什么报答你的，你跟我走，我带你认识一棵神树。"

随后，鹿带着孤儿到了一棵高大树木的旁边，鹿吃了些许树上的叶子之后，伤口马上痊愈，走之前它嘱咐孤儿好好利用神树。

随后的日子，孤儿带着牛群居住在神树周围。岁月如梭，孤儿逐渐老去，他看着身边成群的牛群，想到与主人的约定，于是决定履行约定，返回寨中。临走之际，他带走了一些神树的枝叶，希望能把其带回家中播种。

人们听了他的经历之后，人们对神树很向往，请求老人带他们去见神树，老人答应了他们的要求。在以后的日子中，人们利用神树的叶子治愈了很多疾病，于是人们每年都会拜祭神树，并为其取名为"茶王树"。

当时祭祀茶王树时，人们都会准备白鸡、白鸭、茶、酒及三色糯米饭（三色只限红、黄、白，取喜、洁、净之意）等祭品祭祀神树。据当地人讲述，祭祀活动一直持续到20世纪50年代。

五、普洱紧压茶的由来

自古以来，普洱在滇南因茶而形成了边疆茶市，客商往来很多，早在唐朝以前，普洱的茶叶就远销中原，当时只有散茶。

普洱当地有一家以经营土布、百货的"中和祥"商号，掌柜厚道热情，外来客商多愿与之交易。此人姓包，所以大家称之为包大人。包大人喜好游山玩水，一天，他听说勐先有一棵茶王树，当地人每年都会拜祭此树，场面很是热闹，他很是向往，决定去看看该树。

到了勐先，他被各种民族艳丽的服装及特色小吃深深吸引了，于是特别关注与那里相关的事情。一天，他发现当地人所带的竹筒装的茶叶呈弯曲状，味道比散茶更香。这一发现引起了他的注意，他决定学会这种茶的制作方法，并决心把此茶推广开来。包大人的态度感动了当地人，把茶的制法告诉了他。包大人如获至宝，赶回家中，开始潜心研究起来。

经过几个月的实验和无数的失败之后，包大人终于研发成功，即把散茶蒸软、压制，这样茶叶既能成形，又不会影响其品质，而且能使茶叶在一定时间内保持茶味不变。

包大人研制的茶叶紧实、方便驮运，人们由各地慕名而来，他的生意做得很红火；随后，他把制茶技术公布于众，让紧茶的制作方法流传于世。后来在各号家的开发下，紧茶品种丰富，如人头圆茶、七子饼茶、方砖等。

六、金树和银树

在澜沧拉祜族自治县景迈地区，有一块残缺不全的"功德碑"。据当地布朗族老人说，这块"功德碑"已有800多年的历史。石碑的右上角刻着一片茶叶，右下角中文刻着"春茶"二字；正文是傣文雕刻的，写的是："傣历1177年，全体佛爷、和尚和村民百姓。"关于"功德碑"，还有一个与之相关的故事。

很久以前，布朗族的首领岩勒，带领部落的村民从景迈山上挖来野生茶苗，栽种在他们的寨子中。岩勒教会了村民怎样栽植、培育、养护这些野茶苗。很多年过去了，布朗族居住的地方被茶树所覆盖，村民把采摘下来的茶叶炒制后，换取他们所需要的东西，如金、银、盐巴和生产、狩猎的用具等。他们的生活因为茶树而越来越好。

此后过了很多年，岩勒逐渐老去，他在去世前，对他的子民说："我要走了，给你们留下什么呢？留下金子和银子总会有用完的一天，留下牛和羊会生病死亡，想来想去，还是留给你们这一山山茶树，这才是取之不尽，用之不竭的'金树和银树'。你们要好好照管。今后你们及你们的子孙后代就靠这些'金树和银树'过日子……"

从此以后，布朗族人除种粮食外，还照料着茶山和茶园。后人为纪念岩勒给他们留下的"金树和银树"，特立下一块"功德碑"，也就是我们今天看到的这块残缺的石碑。

第三节　普洱茶古诗词和歌谣欣赏

一、古代普洱茶古诗词鉴赏

烹雪用前韵

（清）爱新觉罗·弘历

瓷瓯瀹净羞琉璃，石铛敲火燃松屑。

明窗有客欲浇书，文武火候先分别。

瓮中探取碧瑶瑛，圆镜分光忽如裂。

莹彻不减玉壶冰，纷零有似琼化缬。

驻春才入鱼眼起，建成名品盘中列。

雷后雨前浑脆软，小团又惜双鸾坼。

独有普洱号刚坚，清标未足夸雀舌。

点成一椀金茎露，品泉陆羽应惭拙。

寒香沃心欲虑蠲，蜀笺端研几间设。

兴来走笔一哦诗，韵叶冰霜倍清绝。

煮茗

（清）爱新觉罗·颙琰

佳茗头纲贡，浇诗月必团。

竹炉添活火，石铫沸惊湍。

鱼蟹眼徐漂，旗枪影细攒。

一瓯清兴足，春盎避清寒。

赐贡茶二首（其一）

（清）王士祯

朝来八饼赐头纲，鱼眼徐翻昼漏长。

青箬红签休比并，黄罗犹带御前香。

赐贡茶二首（其二）

（清）王士祯

两府当年拜赐回，龙团金缕诧奇哉。

圣朝事事宽民力，骑火无劳驿骑来。

长句与晴皋索普洱茶

（清）丘逢甲

滇南古佛国，草木有佛气。

就中普洱茶，森冷可爱畏。

迩来人世多尘心，瘦权病可空苦吟。

乞君分惠茶数饼，活火煎之檐葡林。

饮之纵未作诗佛，定应一洗世俗筝琵音。

不然不立文字亦一乐，千秋自抚无弦琴。

海山自高海水深，与君弹指一话去来今。

茶庵鸟道（其一）

（清）杨溥

崎岖道仄鸟难飞，得得寻芳上翠微。

一径寒云连石栈，半天清磬隔松扉。

螺盘侧髻峰岚合，羊入回肠履迹稀。

扫壁题诗投笔去，马蹄催处送斜晖。

茶庵鸟道（其二）

（清）舒煦盛

崎岖鸟道锁雄边，一路青云直上天。

木叶轻风猿穴外，藤花细雨马蹄前。

山坡晓度荒村月，石栈春含野墅烟。

指顾中原从此去，莺声催送祖生鞭。

茶庵鸟道（其三）

（清）朱廷硕

山径崎岖不以平，连山矗矗峥嵘势。

失群鸟向风头合，迷道人追虎迹行。

一线路通天上下，千寻峰夹树纵横。

扶筇彳亍归来晚，犹幸庵前夕照明。

茶庵鸟道（其四）

（清）单乾元

茅堂连石栈，，清磬半天闻。

一径悬如线，两峰寒如云。

晚霜维马力，秋月少鸿群。

剩有雄心在，高吟对夕曛。

茶庵鸟道（其五）

（清）牛稔文

猿猱宜此路，樵斧偶然闻。

径仄愁回马，峰危畏入云。

从兹登鸟道，或可近仙群。

岩下钟流响，岩峣日渐曛。

茶庵鸟道（其六）
（清）牛稔文

仄径生机一线通，茶庵木店暂停聪。
分明雉堞山头见，犹在盘回鸟道中。

采茶曲
（清）黄炳堃

正月采茶未有茶，村姑一队颜如花。
秋千戏罢买春酒，醉倒胡麻抱琵琶。
二月采茶茶叶尖，未堪劳动玉纤纤。
东风骀荡春如海，怕有余寒不卷帘。
三月采茶茶叶香，清明过了雨前忙。
大姑小姑入山去，不怕山高村路长。
四月采茶茶色深，色深味厚耐思寻。
千枝万叶都同样，难得个人不变心。
五月采茶茶叶新，新茶还不及头春。
后茶哪比前茶好，买茶须问采茶人。
六月采茶茶叶粗，采茶大费拣工夫。
问他浓淡茶中味，可似檀郎心事无。
七月采茶茶二春，秋风时节负芳辰。
采茶争似饮茶易，莫忘采茶人苦辛。
八月采茶茶味淡，每于淡处见真情。
浓时领取淡中趣，始识侬心如许清。
九月采茶茶叶疏，眼前风景忆当初。
秋娘莫便伤憔悴，多少春花总不如。
十月采茶茶更稀，老茶每与嫩茶肥。
织绸不如织素好，检点女儿箱内衣。
冬月采茶茶叶凋，朔风昨夜又今朝。

为谁早起采茶去，负却兰房寒月霄。

腊月采茶茶半枯，谁言茶有傲霜株。

采茶尚识来时路，何况春风无岁无。

普洱茶吟
（当代）沈信夫

休道灵芝草，何如普洱茶。滇南钟秀气，赤县孕奇葩。

陆羽三杯赏，卢仝七碗夸。环球堪一绝，昔贡帝王家。

贺首届中国普洱茶节
（当代）张文勋

香茗自古生华夏，普洱名茶早夺魁。

雅座华堂称上品，高人韵士佐琴台。

芬芳馥郁成茶道，碧绿晶莹透玉杯。

养性怡情文化热，嘉宾云集慕名来。

二、普洱茶茶歌和民谣

茶歌是由茶叶的生产、饮用这一主体文化派生出来的一种文化现象，是我国茶叶生产和饮用成为社会化生产和日常生活内容以后的产物。

最早的茶歌可以追溯至西晋孙楚的《出歌》，内有"姜桂茶荈出巴蜀"一句，"茶荈"指的就是茶。至唐代有陆羽的《六羡歌》、刘禹锡的《西山兰若试茶歌》、皎然的《茶歌》等。

普洱茶似佳人，佳人仪态万千，人们不仅用诗词楹联来表现普洱茶的百态，更是以曲歌的形式来展现，关于日月星辰、关于山川河流、关于风土人情，唱历史、唱亘古、唱自然、唱盛情，歌深情。每一歌词、每一音符，都是对普洱茶的赞美与钟爱，为人们奉上一杯香气郁馥的普洱茶，让人们领略到了源远流长的普洱茶的甘醇、陈韵、芳香及其无穷的魅力。

有关普洱茶歌及民谣有《普洱赶马调》《普洱茶乡》《相约吃茶去》《采茶歌》《普洱茶之歌》《茶马古道情歌》《阿佤人民唱新歌》《茶之魂》《普洱茶》《茶

城圆舞曲》《哈尼的家乡在哪里》《普洱茶香迎宾客》《普洱姑娘最漂亮》《茶树的恩情》，等等。

普洱茶的歌谣宛如普洱茶一样，清新自然地诉说着它的故事。有马帮的故事，也有家乡的茶香。人们通过这一支支歌谣崇拜着大自然也感激着这世间所给予的最美好的馈赠。

参 考 文 献

［1］安徽农学院．制茶学［M］．2版．北京：中国农业出版社．2012．

［2］陈椽．茶叶通史［M］．北京：中国农业出版社，2008．

［3］古能平．关于茶叶分类的几点认识［J］．消费导刊，2008（17）198+223．

［4］蒋文中．"普洱茶"得名历史考证［J］．云南社会科学，2012（5）142-144．

［5］金刚．普洱茶典汇［M］．长春：吉林出版集团股份有限公司，2018．

［6］任洪涛，周斌，秦太峰，等．普洱茶挥发性成分抗氧化活性研究［J］．茶叶科学，2014，34（3）：213-220．

［7］师顺，谭佳吉，龙麟．普洱茶马古道精神意蕴研究［J］．普洱学院学报，2023，39（4）：40-43．

［8］宛晓春，夏涛，等．茶树次生代谢［M］．北京：科学出版社，2015．

［9］宛晓春．中国茶谱［M］．2版北京：中国林业出版社，2010．

［10］王白娟，张贵景．云南普洱茶的饮用与品鉴［M］．昆明：云南科技出版社，2015．

［11］王辑东．轻松品饮普洱茶［M］．北京：中国轻工业出版社，2007．

［12］杨学军．中国名茶品鉴入门［M］．北京：中国纺织出版社，2012．

［13］杨中跃．新普洱茶典［M］．昆明：云南科学技术出版社，2011．

［14］轶男．普洱大全：品饮普洱茶的百科全书［M］．哈尔滨：哈尔滨出版社，2007．

［15］周玉梅．普洱茶冲泡的方法与品鉴［J］．云南农业科技，2021（5）61-62．